JN271517

TOOL
ツール活用シリーズ

波形解析のための数値計算ソフト

Scilab 入門

信号のスペクトラム，ノイズ分析から特徴抽出まで

大川善邦 著
Yoshikuni Okawa

CQ出版社

まえがき

　例えば理工系の大学生は，大学生活も終わりに近づくと，卒業論文の締め切りが迫ってきます．

　卒業論文は，文章によって構成するものもありますが，多くはデータを扱います．データを解析して，その結果に基づいて結論を述べます．

　データを解析する過程を，一般にデータ処理と言います．

　私は，長いあいだ大学の教授を務め，多くの学生の卒業論文を見てきました．

　学生が提出する論文はさまざまで，経験不足のために残念ながら合格できないものもありましたが，なかにはよく書けている論文もありました．少し磨きをかければ，そのまま学会の論文として通用する，そういった論文もありました．

　このような論文の質の違いは，どこから生まれるのでしょうか．

　それは，学生の「データを読む」能力の違いです．

　学生は，卒論を書き上げるために，実験データを採取して，グラフ化して，論文に貼り付けます．ここまでは，誰でもできます．

　もっとも重要なポイントは，データのなかに何を見るか，数の並びから何を引き出すか，ここが大事なポイントです．

　いま仮に，赤ちゃんが泣いていたとしましょう．

　赤ちゃんが泣くのには，それなりの理由があります．経験を積んだ母親ならば，瞬間的に赤ちゃんが泣いている理由を読み取り，その原因を取り除きます．ほどなく赤ちゃんはニコニコ顔に戻るでしょう．

　「赤ちゃんが泣いている」ということは，誰でもわかることです．しかし，何が原因で泣いているのかを読み取ることができなければ，母親としては失格です．

　論文において重要なのは，データを集めることではありません．データは単なる素材です．

　素材を調理して結論を絞り出す，ここが最も重要なポイントです．

＊　＊　＊

　本書は，理工系の大学卒業論文やレポートなどを作成する場合に，実験データを数学的テクニックを使って波形の特徴を抽出するコツをまとめました．ツールとして，オープンソースのScilabという計算ソフトウェアを使います．インターネット上で無料で公開されているソフトウェアです．

　皆さんが，卒業論文やレポートなどをまとめる際に活用してください．

　なお，本書は，Scilabを使って数学的処理を行い，収集したデータの波形から特徴抽出をする手法を解説しています．多くのページは，Scilabを使って数学的処理をする部分に費やされており，一冊にまとめるというページの制限から，Scilabのインストールの詳細やScilabの持つ機能すべてを解説したものではありません．

2013年4月　筆者

COTENTS
目次

第1章 イントロダクション ... 5
- 1.1 — はじめに ... 5
- 1.2 — 卒業論文やレポート ... 5
- 1.3 — データを読む ... 5
- 1.4 — 波形解析 ... 6
- 1.5 — コンピュータの利用 ... 7
- 1.6 — 波形解析のツール ... 7
- 1.7 — Scilab ... 8
- 1.8 — フーリエ変換 ... 8
- 1.9 — ウェーブレット変換 ... 10
- 1.10 — 変換とは何か ... 10
- 1.11 — 正規直交行列による変換 ... 13

第2章 システムの準備 ... 15
- 2.1 — はじめに ... 15
- 2.2 — Windows 8 ... 15
- 2.3 — Scilab ... 15
- 2.4 — ホーム・ディレクトリ ... 19
- 2.5 — データの入力 ... 22
- 2.6 — 行列の演算 ... 30
- 2.7 — 変換 ... 33
- 2.8 — スクリプト ... 36
- 2.9 — function ... 40
- 2.10 — Excelのデータ ... 42
- 2.11 — グラフ ... 47

第3章 ノイズ解析 ... 51
- 3.1 — はじめに ... 51
- 3.2 — ノイズとは ... 51
- 3.3 — ヒストグラム ... 54
- 3.4 — 移動平均 ... 59

※付属DVD-ROMに関してはp.254参照

3.5	曲線の当てはめ	72
3.6	最急降下法	79
3.7	ニュートン・ラフソン法	91

第4章 フーリエ解析 ... 99

4.1	はじめに	99
4.2	最小2乗法	99
4.3	スタート	107
4.4	追跡	114
4.5	解釈	119
4.6	FFT	124
4.7	計算	126

第5章 ウェーブレット解析 ... 151

5.1	はじめに	151
5.2	ウェーブレットとは	151
5.3	Haar	155
5.4	Wavelet Toolbox	165
5.5	Daubechies	171
5.6	ウェーブレットの作り方	174
5.7	ピラミッド・アルゴリズム	178
5.8	プログラミング	188

第6章 発見的解析 ... 193

6.1	はじめに	193
6.2	状況の設定	193
6.3	観測データ	197
6.4	特徴の抽出と決定	198
6.5	パラメトリック法	203
6.6	アルゴリズム	217
6.7	非パラメトリック法	228
6.8	ヒューリスティック・アルゴリズム	231

参考文献	254
あとがき	254
付属DVD-ROMに関して	254
索引	255

第1章
イントロダクション

1.1 — はじめに

具体的な作業に入る前に，波形解析に関するイントロダクションを述べます．

1.2 — 卒業論文やレポート

例えば，大学を卒業する際に，学生は卒業論文を書きます．
卒業論文は，大学を卒業するための必修条件だからです．
つまり，これがなければ，大学卒業の資格は得られません．
理工系学部の場合，卒業論文のなかには，文章だけで構成するものもありますが，これは一部の少数派です．多くは，データを集め，それを分析して結論を導きます．
レポートも同様です．集めたデータを分析して，結論を出します．
例えば，宇宙のかなたから飛んでくる電波を解析して，星群の爆発を確認する，出生率とGDPの関係を数式化する，がんの遺伝性を明らかにする……，などです．
本書では，データを収集後，そのデータからどんなことが見いだせるのかを数学的に検証していきます．ツールとして，オープンソースのScilabという計算ソフトウェアを使います．インターネット上で無料で公開されているソフトウェアです．

1.3 — データを読む

インターネットの時代において，データを集めることはずいぶん容易になりました．データは，あらゆるところに溢れています．

しかし，もっとも大事なことは，データを集めることではなく，データを解析して，データのなかに潜んでいる事実を引っ張り出すことです．
これを，

> データを読む

と言います．
論文の価値はデータの量ではありません．データから何を引き出すか，そこが大切なポイントです．

1.4 ── 波形解析

データは，時間とともに変化する数値の並びです．
時間とともに変化するデータを，ここで波形（wave）と呼びます．
いま仮に，大学の健康診断において，学生と教職員の心電図を採取したとします．
膨大な量の波形が集まります．
この波形を短時間で処理するには，どのようにしたらよいでしょうか．
専門の医師に，波形の検査を委託しますか？
処理しなくてはならないデータの量は膨大です．
受診者の多くは健康体です．普通に日常生活を過ごしています．

図1.1
心電図の計測

心電図に異常がある人は，ごくわずかです．ゼロの可能性も十分にあります．

医師は，忙しい身です．

おそらく，ある程度の見逃しが起きるでしょう．医師がヤブだと言っているのではありません．要求する作業に無理があるからです．

1.5 —— コンピュータの利用

人の能力は素晴らしいものだけれども，それには限界があります．

人に，先のような限界を超える作業を要求しても，事実上，正確な作業は行われません．

こういう場面に，コンピュータが登場します．

例えば，検診において採取したチャートを，まずコンピュータにかけます．

20歳前後の若い学生のデータです．

ほとんどは，コンピュータの診断をクリアします．

しかし，なかには問題のある波形があります．

このときは，チャートからその部分を切り出して，医師に診断を依頼します．そうすることによって，医師への負担は劇的に減少します．

1.6 —— 波形解析のツール

波形をコンピュータにかけて，問題の場所を見つけるプログラムを総称して，

　波形解析のツール

と呼びます．

波形解析のツールは，例えば地震予知など，多くの分野において使用されています．

ここでは，大学の卒業論文を書く際に使うことを前提にしているので，

　波形解析のツールを自分で操作する

とします．

ツールを探して，それを使いこなして論文を書く，ここが本書のメインテーマです．

1.7 —— Scilab

論文を書く際に使用するツールとして，本書ではフランスの公的機関が開発したフリーのツール，

```
Scilab
```

を採用します．

　Scilabは，インターネットから無料でダウンロードできます．
　必要ならば，ソースコードを調べることも可能です．
　Scilabは，米国MathWorks社のMATLABと，ほとんど同じコマンドを採用しています．
　ドキュメントも，MATLABのドキュメントを見てください，というような傾向もあります．
　しかし，当然のことですが，ScilabとMATLABは同じではありません．
　異なるところもあるので，十分に注意してください．

1.8 —— フーリエ変換

　波形解析で最重要となるツールは，フーリエ変換(Fourier Transform)です．
　フーリエ変換は，18世紀の後半，フランスのフーリエが考案しました．
　応用数学の分野に属するアルゴリズムです．
　フーリエは，幼い時に父親を失い，孤児院に引き取られます．
　数学に熱中して，ここでフーリエ変換を導出します．
　一方，この時代はヨーロッパの激動期です．
　1789年に，フランス革命が勃発します．
　コルシカ島からやってきたナポレオンは，ヨーロッパ全土をほぼ制圧します．
　フーリエは，皇帝に取り入って，県知事のポストを獲得します．男爵の称号も手に入れます．フーリエ男爵です．
　一方で，王政派は，英国やロシアの助けを借りて，ナポレオンを叩き潰します．

フーリエは，今度はルイ16世に許しを請い，学会員のポストを手に入れます．
　数学の分野においてこれだけの業績を残した人が，政界の荒波のなかを泳ぎまわるようなことは，おそらくフーリエを除いたら，他に例はないでしょう．
　幼時に経験した貧しさの体験が，フーリエをここまで駆り立てたのかもしれません．
　さて，フーリエ変換とは，その正体は何でしょうか．
　例を用いて説明します．
　いま仮に，図1.2に示すようなゴミの山があったとします．
　このごみを篩（mesh）にかけて，図1.3に示すように，粒の粗さによって分けたとします．
　これが，フーリエ変換の原理です．
　ゴミの山は，すなわち波形です．例えば，先ほどの例で出てきた心電図のデータ（チャート）です．
　篩は，sin（あるいはcos）波です．

フーリエ変換は，与えられた波形を短い波～長い波に分解します．

　短い波という代わりに，**周期**（period）が小さい波，あるいは**振動数**（frequency）が大きい波などと呼ぶこともあります．
　周期の単位は，一つの波の時間です．振動数の単位は，単位時間当たりの波の数です．

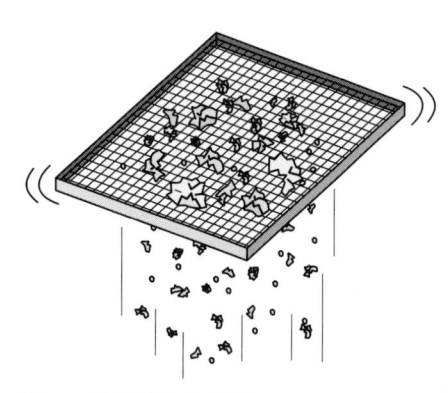

図1.2　ゴミの山　　　　　　　　　　図1.3　粒の粗さによる分類

1.9 ── ウェーブレット変換

　20世紀初頭に，ドイツのHaarは，ウェーブレット変換(wavelet transform)に関する論文を書きました．しかし誰一人，注目しませんでした．ゴミ箱へ，ポイです．

　それから，およそ100年が経過し，20世紀も終わりに近づいて，突然，Haarの論文が息を吹き返します．

　ウェーブレット変換は，ある意味ではフーリエ変換の拡張であることがわかったのです．

　ウェーブレット変換は，みごとにゴミ箱から復活して表舞台に躍り出ました．

　では，ウェーブレット変換とは，なんでしょうか？

　フーリエ変換の場合と同様に，ゴミの山を使って説明します．

　ウェーブレット変換は，例えば，山の形に突起がないか調べます．

　フーリエ変換は，ゴミの山を崩して，粒の大きさに分類しました．

　ウェーブレット変換は，ゴミの山を温存して，その形状を調べます．

　フーリエ変換は，波形を時間とは関係のない粒度の世界へ導きます．

　ウェーブレット変換は，ゴミの山の形状，すなわち，時間軸上でのできごとにメスを入れます．

　ここが，フーリエ変換とウェーブレット変換の違いです．

1.10 ── 変換とは何か

　フーリエ変換とウェーブレット変換に関して述べたので，ここで，**変換**について考察します．

　いま，5人の学生の身長を測定したところ，**表1.1**に示す数値を得たとします．

　5人の身長の平均値を計算します．計算式は，

$$平均値 = \frac{172 + 155 + 180 + 179 + 168}{5}$$

です．

　平均値の計算は，5個の数値から1個の値を算出します．

表1.1 データ測定の例（5人の学生の身長を測定）

学生番号	身長 (cm)
1001	172
1002	155
1003	180
1004	179
1005	168

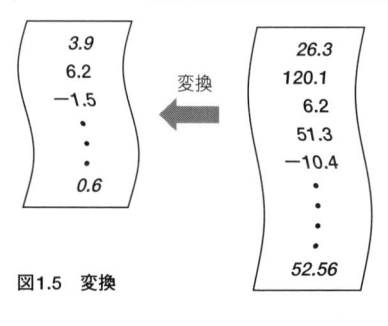

図1.5　変換

図1.4　5人の身長の平均値

5人の身長の範囲は，最小値は155cm，最大値は180cmです．

この場合，5個の数値から2個の数値を選出します．

与えられた数値の組から，別の数値の組を計算する仕組みを数学において変換（transform）と呼びます．

平均値は，n個の数から1個の数を算出します．

範囲は，n個の数から2個の数を抽出します．

・・・

逆の質問をします．

「5人の学生の平均身長が170.8cmだったとして，5人の学生の身長を計算しなさい．」

この問題に，答えることはできません．

「5人の学生の身長の範囲が，[155,180]だったとして，5人の学生の身長を答えなさい．」

この問題も，回答不可です．

学生の身長のデータから平均値を計算することはできます．

逆に，平均値から，元のデータを算出することはできません．

変換のなかには，逆の操作ができないものが多くあります．

さてそこで，**線形変換**（linear transform）について考えます．

線形変換は，行列を使って，例えば，

$$\begin{pmatrix} y_1 \\ y_2 \\ y_3 \\ y_4 \\ y_5 \end{pmatrix} = \begin{vmatrix} a_{11} & a_{12} & a_{13} & a_{14} & a_{15} \\ a_{21} & a_{22} & a_{23} & a_{24} & a_{25} \\ a_{31} & a_{32} & a_{33} & a_{34} & a_{35} \\ a_{41} & a_{42} & a_{43} & a_{44} & a_{45} \\ a_{51} & a_{52} & a_{53} & a_{54} & a_{55} \end{vmatrix} \begin{pmatrix} x_1 \\ x_2 \\ x_3 \\ x_4 \\ x_5 \end{pmatrix} \quad \cdots\cdots\cdots\cdots\cdots\cdots\cdots\cdots\cdots\cdots\cdots (1.1)$$

と書きます.

数式に分解すると,

$$y_1 = a_{11}x_1 + a_{12}x_2 + a_{13}x_3 + a_{14}x_4 + a_{15}x_5$$
$\cdots$

となります.

データに対して,定数 a を掛けて,加算します.

この計算を,**積和演算**(product sum)と呼びます.

積和演算は,x_1^2, x_1^3,…あるいは,$x_1 x_2$, $x_1 x_2 x_3$,…などの項目は含みません.定数項もありません.

変数と定数の積の総和です.

線形変換は,変換のなかのスペシャル・ケースです.

(1.1)式の,行列の係数を,

$$a_{ij} = \frac{1}{5} \quad (i, j = 1, 2, \ldots 5)$$

とすると,結果として,

$$y_i = \frac{1}{5}x_1 + \frac{1}{5}x_2 + \frac{1}{5}x_3 + \frac{1}{5}x_4 + \frac{1}{5}x_5 \quad (i = 1, 2, \ldots 5)$$

となります.

y は平均値です.

したがって，平均値の計算は，線形変換の一つであると言えます．
では，なぜ平均値から，元のデータの値を計算することができないのでしょうか．
その理由は，行列，

$$\begin{pmatrix} \frac{1}{5} & \frac{1}{5} & \frac{1}{5} & \frac{1}{5} & \frac{1}{5} \\ \frac{1}{5} & \frac{1}{5} & \frac{1}{5} & \frac{1}{5} & \frac{1}{5} \\ \frac{1}{5} & \frac{1}{5} & \frac{1}{5} & \frac{1}{5} & \frac{1}{5} \\ \frac{1}{5} & \frac{1}{5} & \frac{1}{5} & \frac{1}{5} & \frac{1}{5} \\ \frac{1}{5} & \frac{1}{5} & \frac{1}{5} & \frac{1}{5} & \frac{1}{5} \end{pmatrix}$$

の**行列式** (determinant) がゼロになるために，逆行列が存在しないからです．

一般に，線形変換を，

$$y = Ax \quad \cdots\cdots\cdots\cdots\cdots\cdots\cdots\cdots\cdots\cdots\cdots\cdots\cdots\cdots\cdots\cdots\cdots (1.2)$$

と書きます．

行列 A の行列式がゼロでなければ，逆行列 A^{-1} が存在します．これを (2.2) 式の両辺に左からかけると，

$$A^{-1}y = x$$

となります．

すなわち，y から x が計算できたことになります．

1.11 ── 正規直交行列による変換

線形変換において，さらに特殊なケースを考えます．
変換行列の各行 (各列でも同じ) が次の性質，

> 条件1：各行において，要素の2乗和は1
> 条件2：異なる行の積和は0

を満足するとき，その行列を，

> 正規直交行列 (orthonormal matrix)

と呼びます．

別の言葉で言います．

行列の各行をベクトル表示すると，

> $a_i = (a_{i1}, a_{i2}, ..., a_{in})$　　$(i = 1,2,...n)$

となります．

正規直交行列の条件は，

> 条件1：$a_i \cdot a_i = 1$　　$(i = 1,2,...n)$
> 条件2：$a_i \cdot a_j = 0$　　$(i,j = 1,2,...n,\ i \neq j)$

となります．ここで $a \cdot b$ は，二つのベクトルのスカラー積です．

例えば，**図1.6**に示すように，カメラを使って人の写真を撮る際に，カメラを回転することによって，正面から見たり，後ろから見たりすることができます．

これが，**正規直交行列による変換**です．

正規直交行列は，波形の解析において重要な役目を果たします．

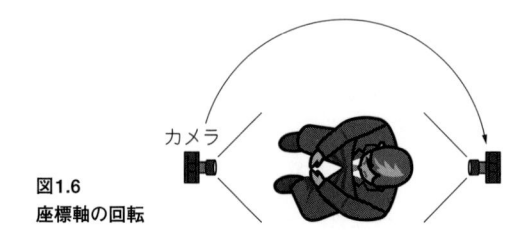

図1.6
座標軸の回転

第2章
システムの準備

2.1 はじめに

波形解析を行うために必要なシステムを準備します．

PCに，オープンソース・ソフトウェアの数値計算ソフト (Scilab) をインストールして，基本的なコマンドの使い方を述べます．

2.2 Windows 8

コンピュータは，PCを使います．

OSは，Windows 8です．Scilabは，現在のところWindows 8に対応していないので，Windows 8のデスクトップを使用します．

2.3 Scilab

波形解析を行うために，処理系として，Scilab (サイエンスラボ，あるいはサイラボ，などと読む) を使います．

Scilabは，フランスのINRIA (Institut National de Recherche en Informatique et Automatique，国立情報およびオートメーション研究所) とENPC (理工系エリート養成のための高等教育機関) が，共同で開発した，オープンソース・ソフトウェアで，無料でダウンロードして使うことができます．ソースコードも公開されています．

Scilabのコマンドは，MathWorks社が開発/販売している数値解析ソフトウェアのMATLABに準拠しているので，Scilabのユーザは増えていますが，互換性はありません．

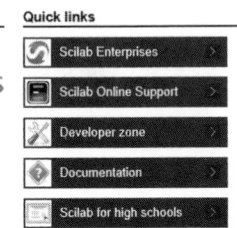

画面2.1　Scilabのホームページ

Scilabをダウンロードします.
Scilabのホームページ,

```
http://www.scilab.org/
```

へアクセスします.
画面2.1に示すように,ホームページが開きます.
画面上部のパネル,

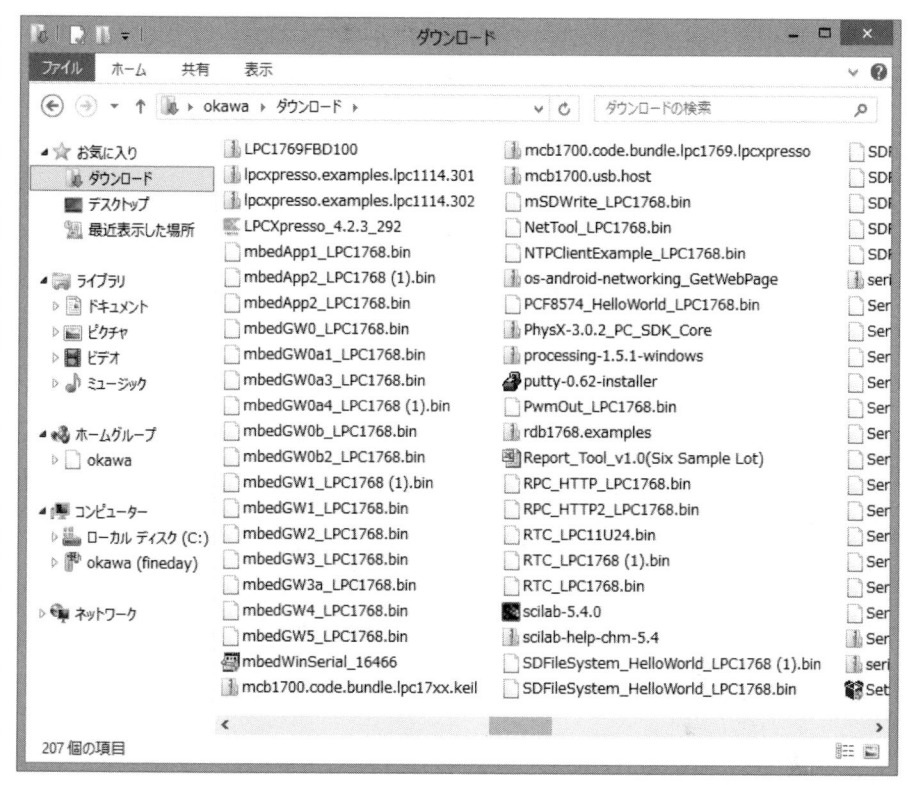

画面2.2 ファイル scilab-5.4.0

Download Scilab,
(Windows 108MB)

をクリックします.
　リボンがポップアップするので, [保存]をクリックします.
　ダウンロードが始まります.
　画面2.2に示すように, [ダウンロード]ディレクトリに, ファイル,

scilab-5.4.0

画面2.3
scilab-5.4.0のアイコン
（ショートカット）

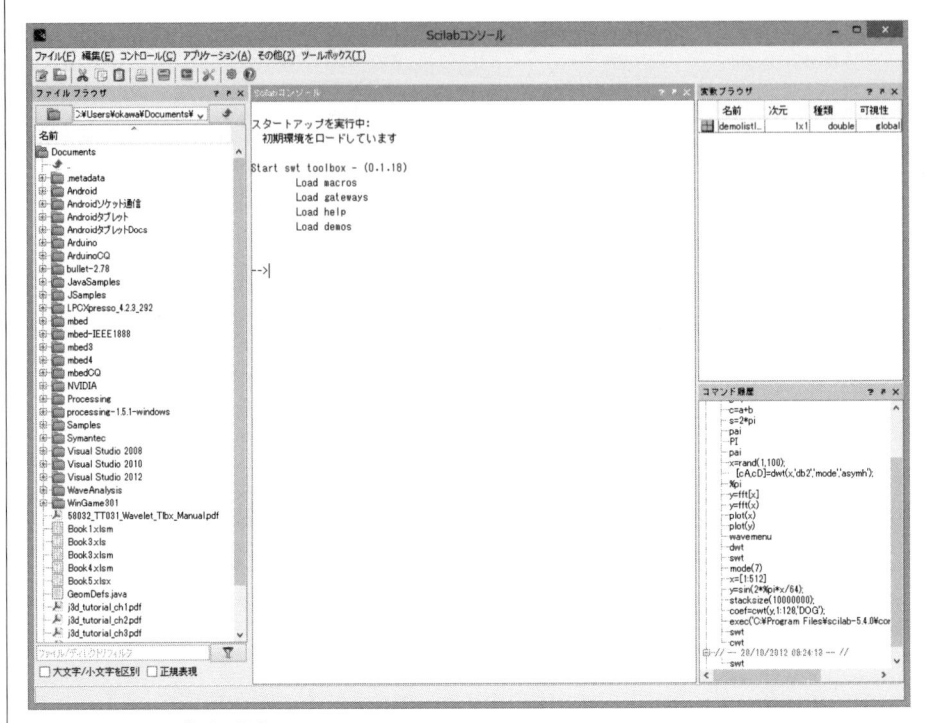

画面2.4　Scilabのウインドウ

がコピーされるので，これを解凍します（原稿執筆時の最新バージョン）．

デスクトップに，**画面2.3**に示すアイコンがポップアップします．

このアイコンをダブルクリックします．

画面2.4に示すように，Scilabのウインドウが開きます．

画面左のパネルは，［ファイル・ブラウザ］のパネルです．

画面中央に，「Scilabコンソール」のパネルがあります．

Scilabは，インタプリタ型言語です．

コマンドを打ち込んで，処理を進めます．

```
Scilabコンソール

スタートアップを実行中:
    初期環境をロードしています

Start swt toolbox - (0.1.18)
        Load macros
        Load gateways
        Load help
        Load demos


-->a=3+4*5
 a  =

   23.

-->
```

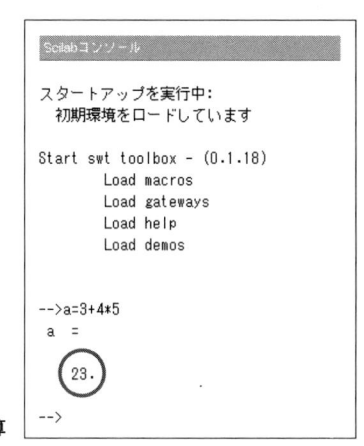

画面2.5
数式の計算

プロンプトは,

```
-->
```

です.

Scilabの動作をチェックします.

ここで, **画面2.5**に示すように, キーボードから,

```
-->a=3+4*5
```

と, 数式を入力して, [Enter]キーを押します.

画面に示すように, 結果の数値, 23がプリントされます.

以上, Scilabを起動して, 簡単な数式を入力し, 結果をプリントしました.

2.4 ── ホーム・ディレクトリ

画面2.4を見てください. 左の[ファイル・ブラウザ]のパネルは, ディレクトリ,

```
C:¥Users¥okawa¥Documents
```

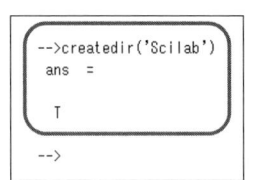

画面2.6 新規ディレクトリの作成

画面2.7 ディレクトリの移動

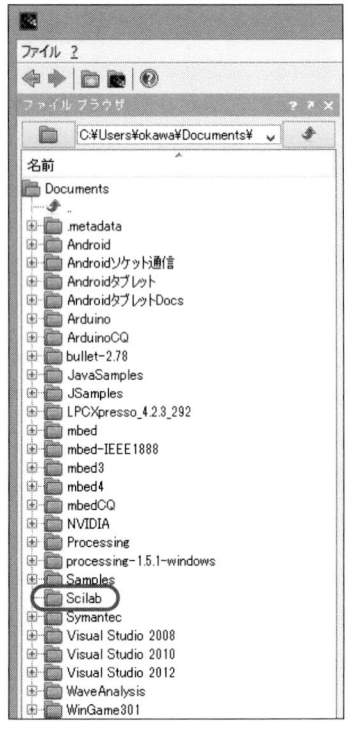

画面2.8 ディレクトリの作成

を指しています．

この状態では，使い勝手が悪いので，ワーキング・ディレクトリを変更します．

新規に，Scilabというディレクトリを作成します．

コマンドラインから，

```
-->createdir('Scilab')
```

と入力します．

画面2.6に示すように，「T」という答えが返ってきます．

Tは，trueの頭文字です．

> **注意** ディレクトリの作成に失敗すると「F」が返ります．Fは，falseの頭文字です．

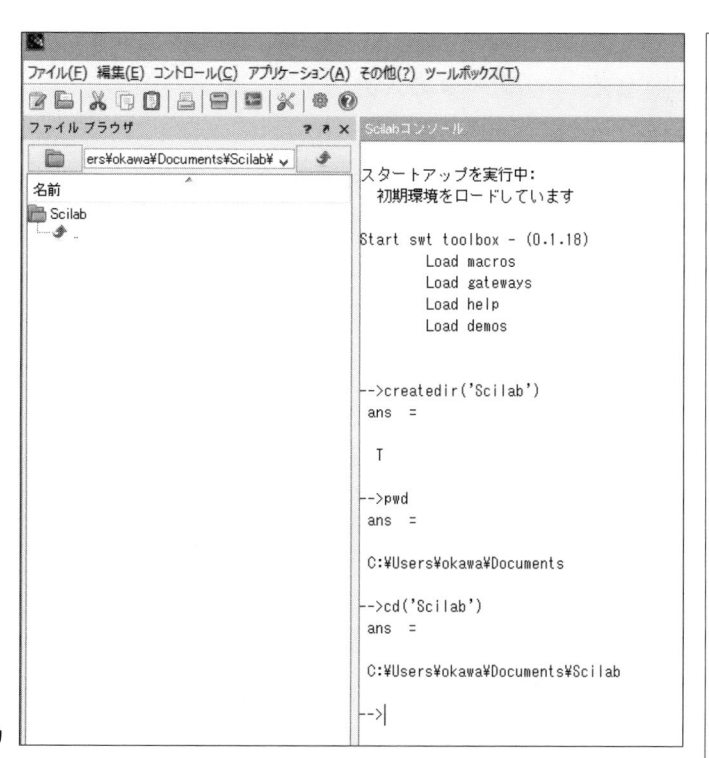

画面2.9
作業ディレクトリへ移動

ディレクトリの作成は成功しました．しかし，[ファイル・ブラウザ]のパネルに，Scilabのディレクトリはありません．元の状態です．

そこで，[ファイル・ブラウザ]のパネルを更新します．[ファイル・ブラウザ]の上部に，**画面2.7**に示すようにディレクトリを移動するアイコンがあるので，これをクリックします．

次に，同じディレクトリへ戻ります．**画面2.8**に示すように，Scilabディレクトリが表示されるようになります．

以後の作業は，すべてこのディレクトリを使用します．**画面2.9**に示すように，cdコマンドを使って作業ディレクトリへ移動します．

> **注意**
> [ファイル・ブラウザ]のパネルにおいて，[Scilab]をダブルクリックしても[Scilab]ディレクトへ移動します．

2.4——ホーム・ディレクトリ

2.5 ── データの入力

データの入力に関する規約を述べます.
変数aを定義して,これに数値12.34を与えるためには,

```
-->a=12.34
```

と入力します.
例えば,円の面積を計算してみます.
コンソールから,円の半径を,

```
-->r=1
```

と入力して,続いて,面積の計算式,

```
-->a=%pi*r^2
```

を入力します.
数学の記法で書くと,

$$a = \pi r^2$$

となります.
答えは,

```
->a=
    3.1415927
```

と返ってきます.%piは,円周率πです.
先頭に%を付けた文字列を**既定の変数**(predefined variables)と呼びます.

既定の変数として，

```
虚数単位    %i
無限大      %inf
自然対数    %e
...
```

などがあります．

虚数単位は，2次元ベクトルを，数値(スカラー)として扱うために導入したメカニズムです．

これを数学の記法で書くと，

$$\%i = \sqrt{-1}$$

となります．

−1の平方根とは何かなどと考えても，意味はありません．2乗すると，結果が−1になる変数が必要だったのです．

本書では，主としてベクトル表示を採用します．虚数単位を使う複素数は使用しません．

Scilabには，多くの関数が組み込まれています．

例えば，sinの30度を計算する際には，

```
-->sin(%pi/6)
```

と入力します．

数学の記法で書くと，

$$\sin\left(\frac{\pi}{6}\right)$$

となります．

答えは，

```
ans = 0.5
```

です。
　ベクトルv, wは,

```
-->v=[1 2 3 4]
```

あるいは,

```
-->w=[5;6;7;8]
```

と書きます。
　数学の記法では, 各々,

$$v = [1\ 2\ 3\ 4]$$
$$w = \begin{bmatrix} 5 \\ 6 \\ 7 \\ 8 \end{bmatrix}$$

となります。
　vは**横ベクトル**(row vector), wは**縦ベクトル**(column vector)です。
　特殊な例として, 等間隔の数値を要素とするベクトルは, 例えば,

```
-->a=[1:0.1:2]
```

と入力します。
　答えは,

```
a=1. 1.1 1.2 1.3 1.4 1.5 1.6 1.7 1.8 1.9 2.
```

と返ってきます.

1から2の区間を10等分したいときには,

```
b=linspace(1,2,11)
```

と入力します.

答えは,

```
b=1. 1.1 1.2 1.3 1.4 1.5 1.6 1.7 1.8 1.9 2.
```

と返ってきます.

コマンドに11と書くと, 1と2の間が10等分されます.

縦ベクトルが必要ならば,

```
c=b'
```

と入力します.

数学の記法で書けば,

$$c = \begin{bmatrix} 1 \\ 1.1 \\ 1.2 \\ 1.3 \\ 1.4 \\ 1.5 \\ 1.6 \\ 1.7 \\ 1.8 \\ 1.9 \\ 2.0 \end{bmatrix}$$

となります.

bが横ベクトルならば, cは縦ベクトルになります.

bの5番目の要素は，

```
  b(5)
```

と入力します。

答えは，

```
  1.4
```

です。1.5ではありません。

b(0)と入力すると，エラーになります。

要素を呼び出す際には，添え字に注意します。

ベクトルは，行列のスペシャル・ケースです。

行列mは，

```
  -->m=[1 2 3;4 5 6;7 8 9]
```

と書きます。

スペースの代わりに，コンマ[,]を使うこともできます。

数学の記法で書くと，

$$m = \begin{bmatrix} 1 & 2 & 3 \\ 4 & 5 & 6 \\ 7 & 8 & 9 \end{bmatrix}$$

となります。**画面2.10**に，実行時の画面を示します。

GUIを使って，行列の要素を編集します。

コマンドラインから，

```
  -->editvar m
```

```
-->a=12.34
 a  =

    12.34

-->v=[1 2 3 4]
 v  =

    1.    2.    3.    4.

-->w=[5;6;7;8]
 w  =

    5.
    6.
    7.
    8.

-->m=[1 2 3;4 5 6;7 8 9]
 m  =

    1.    2.    3.
    4.    5.    6.
    7.    8.    9.
```

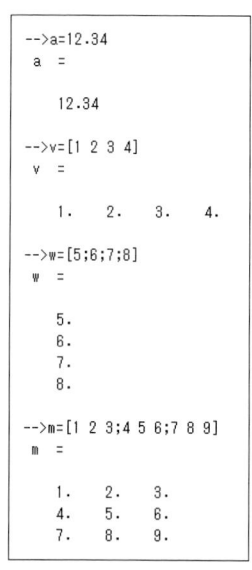

画面2.10 実行時の画面　　**画面2.11　［変数エディタ］のダイアログ**

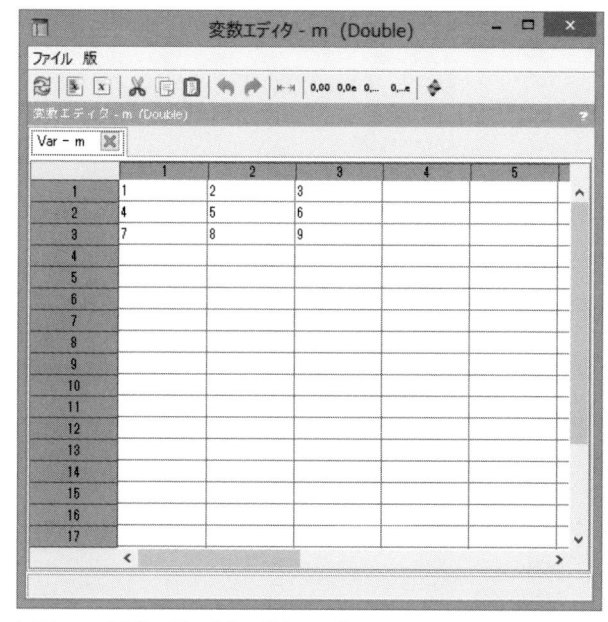

と入力します．**画面2.11**に示すように，［変数エディタ］のダイアログが開きます．

例えば，1行3列をクリックして，数値を**画面2.12**に示すように，

$3 \rightarrow 3.14$

と変更します．

［変数エディタ］において，**画面2.13**に示すように行列全体を選択します．

［変数エディタ］のツール・バーのボタン

選択内容から変数を作成

をクリックします．

画面2.14に示すように，［選択内容から変数を作成］ダイアログが開くので，変数名のテキスト・ボックスにmと記入して［OK］ボタンをクリックします．

画面2.12
数値の変更

画面2.13
要素の選択

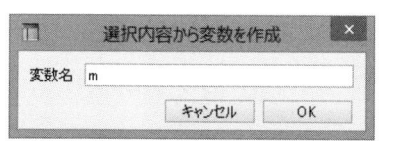

画面2.14
要素の選択

画面2.15
要素の変更

```
-->m
 m  =

   1.   2.   3.14
   4.   5.   6.
   7.   8.   9.
```

編集画面へ戻って行列mの内容を確認すると，**画面2.15**に示すように内容が変わります．

特殊な例として，3行3列の**単位行列** (identity matrix) は，

```
-->b=eye(3,3)
```

と入力します．数学の記法で書くと，

$$b = \begin{bmatrix} 1 & 0 & 0 \\ 0 & 1 & 0 \\ 0 & 0 & 1 \end{bmatrix}$$

となります．

対角成分からなる行列 (diagonal matrix) は，

```
-->c=diag([1 2 3])
```

と入力します．数学の記法で書くと，

$$c = \begin{bmatrix} 1 & 0 & 0 \\ 0 & 2 & 0 \\ 0 & 0 & 3 \end{bmatrix}$$

となります．

実行時の画面を**画面2.16**に示します．

変数xをdataという名前のファイルへ保存する際には，例えば，

2.5——データの入力

```
-->b=eye(3,3)
 b  =

    1.    0.    0.
    0.    1.    0.
    0.    0.    1.

-->c=diag([1 2 3])
 c  =

    1.    0.    0.
    0.    2.    0.
    0.    0.    3.
```

画面2.16
実行時の画面

```
-->save('data','x')
```

とします．

ファイルを読み込む際は，

```
-->load('data')
```

とします．

では，ここで問題を出します．

コマンドラインから，

```
-->c(2,2)
```

と入力しました．何が返ってくるか，考えてみてください．

2.6 —— 行列の演算

行列に対して，基本的な演算を行います．

使う記号は，通常のスカラーに関する演算記号と同じです．

二つの行列a，bを定義します．

```
-->a=[1 2;3 4]
```

```
-->b=[5 6;7 8]
```

数学の記法では,

$$a = \begin{bmatrix} 1 & 2 \\ 3 & 4 \end{bmatrix}$$

$$b = \begin{bmatrix} 5 & 6 \\ 7 & 8 \end{bmatrix}$$

となります.

二つの行列の和,差,積は,

```
-->c=a+b
-->d=a-b
-->e=a*b
```

によって計算します.実行時の画面を**画面2.17**に示します.

面白いことに,行列の割り算も実行可能です.

行列aを行列bで割ると,

```
-->f=a/b
```

となります.

fにbを掛けると,aになります.

```
-->g=f*b
```

実行時の画面を**画面2.18**に示します.

gは,aに一致します.

逆行列を計算します.

```
-->a=[1 2;3 4]
 a  =

    1.    2.
    3.    4.

-->b=[5 6;7 8]
 b  =

    5.    6.
    7.    8.

-->c=a+b
 c  =

    6.    8.
   10.   12.

-->d=a-b
 d  =

  - 4.  - 4.
  - 4.  - 4.

-->e=a*b
 e  =

   19.   22.
   43.   50.
```

画面2.17 二つの行列の和，差，積の計算実行時の画面

```
-->f=a/b
 f  =

    3.  - 2.
    2.  - 1.

-->g=f*b
 g  =

    1.    2.
    3.    4.
```

画面2.18 行列の商と積の計算実行時の画面

```
-->h=inv(b)
 h  =

  - 4.    3.
    3.5 - 2.5

-->i=1/b
 i  =

  - 4.    3.
    3.5 - 2.5
```

画面2.19 逆行列の計算実行時の画面

```
-->k=spec(a)
 k  =

  - 0.3722813
    5.3722813
```

画面2.20 行列式の計算実行時の画面

行列bの逆行列は，

```
-->h=inv(b)
```

によって求めます．
割り算記号を使って，

```
-->i=1/b
```

としても同じ結果を得られます．実行時の画面を**画面2.19**に示します．
行列式 (determinant) は，

```
-->j=det(a)
```

として計算します.
　結果は,

```
 -2
```

です.
　計算式は,

```
 1×4-2×3=-2
```

です.
　行列aの**固有値**(Eigenvalue)は,

```
 -->k=spec(a)
```

によって求めます.
　実際に計算すると,**画面2.20**に示すように,行列の固有値が求まります.
　行列の固有値は,因子分析において重要な役目を果たします.

2.7 ── 変換

n行m列の行列は,m個の数を別のn個の数に変えます.
数式で書くと,

$$\begin{bmatrix} y_1 \\ y_2 \\ \cdot \\ \cdot \\ \cdot \\ y_m \end{bmatrix} = \begin{bmatrix} a_{11} & a_{12} & \cdots & a_{1n} \\ a_{21} & a_{22} & \cdots & a_{2n} \\ & & \cdots & \\ & & \cdots & \\ & & \cdots & \\ a_{m1} & a_{m2} & \cdots & a_{mn} \end{bmatrix} \begin{bmatrix} x_1 \\ x_2 \\ \cdot \\ \cdot \\ \cdot \\ x_n \end{bmatrix}$$

となります.

この行列を**変換行列** (transform matrix) と呼びます．

行列による変換は，代数式で書くと，

$$y_j = a_{j1}x_1 + a_{j2}x_2 + ... + a_{jn}x_n \quad (j=1,2,...,m) \quad \cdots\cdots\cdots (2.1)$$

あるいは，

$$y_j = \sum_{i=1}^{n} a_{ji} x_i \quad (j=1,2,...,m)$$

となります．

(2.1)式を，**線形変換** (linear transform) と呼びます．

行列による変換は，変数に定数を掛けて，それらの総和を計算します．これを**積和演算** (product sum) と呼びます．

線形変換は，変換のスペシャル・ケースです．

変換を行う行列が，**正規直交行列** (orthonormal matrix) の場合，この変換をとくに**回転** (rotation) と呼びます．

正規直交行列は，**正規**と**直交**という二つの条件を満足する必要があります．

正規という条件は，

> 行列の各行の要素の2乗和は1でなければならない

です．

数式で書くと，

$$a_{j1}^2 + a_{j2}^2 + ... + a_{jn}^2 = 1 \quad (j=1,2,...,m) \quad \cdots\cdots\cdots (2.2)$$

あるいは，

$$\sum_{i=1}^{n} a_{ji}^2 = 1$$

となります.

直交という条件は,

> 異なる行の積和は0になる

です.

数式で書くと,

$$a_{j1}a_{k1}+a_{j2}a_{k2}+...+a_{jn}a_{kn}=0 \quad (j,k=1,2,...,m \quad j\neq k) \quad \cdots\cdots\cdots\cdots (2.3)$$

あるいは

$$\sum_{i=1}^{n} a_{ji}a_{ki} = 0 \quad (j,k=1,2,...,m \quad j\neq k)$$

です.

正規直交行列に関して, 数学の定理があります.

例えば,

> 正規直交行列の行列式は, ゼロでない

したがって,

> 正規直交行列の逆行列は, 存在する

また,

> 正規直交行列の逆行列は, 転置行列

などが成立します.

皆さんは, お化け屋敷に入ったことがありますか?

図2.1 カーニバルの鏡

```
-->x=2
 x  =

    2.

-->y=2*x^2+3*x+4
 y  =

    18.

-->x=3
 x  =

    3.

-->y
 y  =

    18.

-->y=2*x^2+3*x+4
 y  =

    31.

-->|
```

画面2.21
作業のサンプル

鏡の前に立つと，自分の姿が歪んで映り，皆で大笑いしたでしょう．

この鏡は，ここで述べた**行列による変換**です．

どのような姿で映るか，鏡のでき具合に依存します．

行列を書き換えると，姿が太く見えたり，細く見えます．

日常使う鏡は，正規直交行列の鏡です．

この鏡は寸法に変化は生じませんが，横顔を見るなど，映像を回転できます．

2.8── スクリプト

Scilabは，インタプリタ (interpreter) です．

プロンプト記号に続いて，キーボードからコマンドを打ち込んで作業を進めます．

しかし，同じ作業を繰り返す場合，キーボードから毎回同じコマンドを打ち込むのでは，作業能率は低下します．この隘路を避けるために，スクリプトを活用します．

ここでは，スクリプトの使い方を述べます．

いま，**画面2.21**に示すように，作業したとします．

ここでは，まず，

$x=2$

と入力します．
　続いて，関数，

$y=2x^2+3x+4$

を入力します．
　xは2と定義したので，

$y=18$

とプリントされます．
　次に，xの値を3に変更します．
　yの値をプリントします．
　yの値は，18です．変更はありません．
　もう一度，関数，

$y=2x^2+3x+4$

を入力します．
　yの値は，31に変わります
　関数を，スクリプト・ファイルとして保存します．
　スクリプト・ファイルを作成します．
　Scilabのメニューから，

アプリケーション → SciNotes

とクリックします．

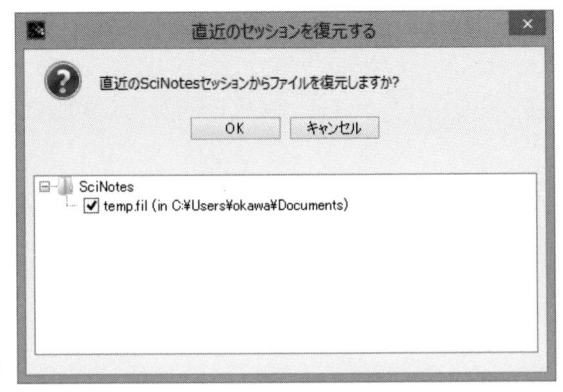

画面2.22
ダイアログ

画面2.22に示すように,

```
直近のセッションを復元する
```

というダイアログが開きます.
　新規にスクリプトを作成するので,［キャンセル］ボタンをクリックします.
　画面2.23に示すように［SciNotes］が開きます.
　画面に示したように数式を書き込み,メニューから,

```
ファイル → 保存
```

とクリックします.
　画面2.24に示すように［保存］のダイアログが開くので,［ファイル名］のテキスト・ボックスに適当な名前を記入して,［保存］ボタンをクリックします.
　ファイル名は,

```
eq.sce
```

としました.
　画面2.25に示すように［ファイル・ブラウザ］のパネルに,ファイルがポップアップし

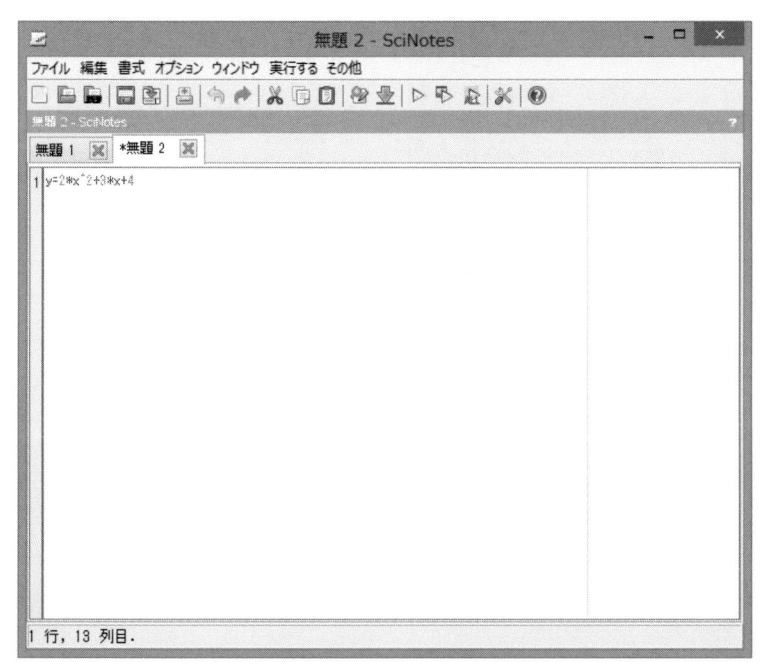

画面2.23 SciNotes

画面2.24 [保存]のダイアログ

2.8——スクリプト

画面2.25 スクリプト・ファイル

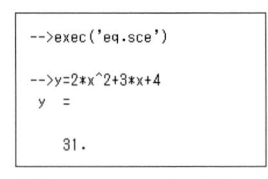

画面2.26 コマンドの入力

ます．

コマンドの入力を継続します．

画面2.26に示すように，

```
exec('eq.sce')
```

と入力します．

関数が実行されて，結果がプリントされます．

スクリプト・ファイルは，テキスト・ファイルなので，例えば，Windowsのメモ帳を使って作成することもできます．

2.9 —— function

スクリプトは，コマンド・シーケンスを再現するツールですが，複雑な計算手続きをファイルに記録して読み込むことができます．

これを，**関数**(function)といいます．

では，サンプルを作ってみます．

比較のために，前節と同じ関数を使います．

SciNotesを開きます．

画面2.27に示すように，functionを書き込みます．

ファイルにeq.sciという名前を付けて，保存します．

画面2.27 functionの作成

画面2.28
functionのファイル

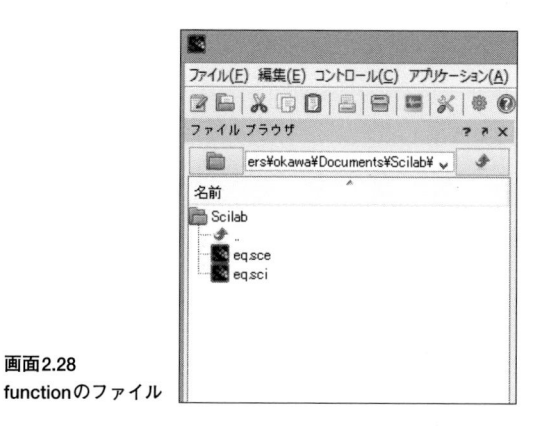

画面2.28に示すように，二つのファイルができました．

さっそく，この関数を使ってみましょう．

Scilabのコマンドラインから，

2.9—function

```
-->exec('eq.sci')
-->function y=eq(x)
-->     y=2*x^2+3*x+4
-->endfunction
```

画面2.29　関数の読み込み

```
-->exec('eq.sci')
-->function y=eq(x)
-->     y=2*x^2+3*x+4
-->endfunction

-->eq(1)
 ans  =

    9.
-->|
```

画面2.30　計算の結果のプリント

```
-->exec('eq.sci')
```

と入力します．**画面2.29**に示すように，関数の内容がプリントされます．

これで関数をメモリへコピーします．

次に，xの値を決めます．

仮に，

$$x=1$$

とします．

xの値を決めたので，yの値を計算します．

コマンドラインから，

```
-->eq(1)
```

と入力します．**画面2.30**に示すように，計算結果が返ります．

2.10── Excelのデータ

Scilabにおいて，Excelのファイルを読み込む手順を述べます．また，そのときに注意しなくてはならない事項を述べます．

読み込み可能なファイルは，本稿執筆時点（2012年12月）において，Excel 2003以前で作成した，

> *.xls

形式のファイルに限ります．

> **注意**
> Scilabは，ole対応のExcelファイルを読み込むことができます．
> Excel 2010などのファイルは，ole非対応です．このため，Scilabにおいて読み込むことはできません．

Excelの2010，2012などを使用する場合，ファイルを保存する際に，*.xls形式を指定することによって，Scilab対応のExcelファイルを作成することができます．

Scilabで読み込むExcelファイルを作成する場合は，ファイルの形式に注意してください．

Scilabにおいて，Excelファイルを扱うサンプルを示します．

ここでは，Excel 2010を使います．

まず，**画面2.31**に示すように，Excelのファイルを作成します．

データは後で使うので，その際に詳しい説明をします．

ここでは，数値を書き込んだExcelシートがあるとします．このデータをファイルに保存します．

メニューから，

> ファイル → 名前を付けて保存

とクリックします．

［名前を付けて保存］ダイアログが開くので，**画面2.32**に示すように，

> ファイルの種類

を開いて，

画面2.31
Excelファイルの作成

	A	B	C	D	E	F	G
1	0	0	0.748003	0	0.156639		
2	1	0.19509	1.062765	0.060325	0.467979		
3	2	0.382683	1.086934	0.049466	0.057337		
4	3	0.55557	0.944988	0.253636	0.230814		
5	4	0.707107	1.362353	0.117973	0.221756		
6	5	0.83147	0.554051	0.434026	0.903185		
7	6	0.92388	1.48271	0.496446	0.08905		
8	7	0.980785	1.452253	0.28929	0.164408		
9	8	1	1.042121	0.442415	0.664823		
10	9	0.980785	0.986896	0.614587	0.530144		
11	10	0.92388	1.737742	0.096648	0.156399		
12	11	0.83147	1.874618	0.722745	0.382396		
13	12	0.707107	0.837647	0.214764	0.119148		
14	13	0.55557	1.507502	1.163488	0.057024		
15	14	0.382683	2.048818	1.206171	0.01136		
16	15	0.19509	1.349702	0.239256	0.777474		
17	16	1.23E-16	1.966928	1.126197	0.764776		
18	17	-0.19509	1.692913	0.205236	0.949577		
19	18	-0.38268	1.837544	0.416847	0.021384		
20	19	-0.55557	0.814175	1.375204	0.64851		
21	20	-0.70711	0.908608	0.220302	0.227671		
22	21	-0.83147	1.519654	0.137489	0.541706		
23	22	-0.92388	1.581951	0.941668	0.635536		
24	23	-0.98079	1.453577	1.465151	0.295249		
25	24	-1	2.281154	1.738419	0.941862		
26	25	-0.98079	1.592445	1.241739	0.250285		
27	26	-0.92388	1.46765	0.428522	0.100031		
28	27	-0.83147	1.337945	0.397139	0.132115		
29	28	-0.70711	1.565304	1.03809	0.593509		
30	29	-0.55557	1.55366	1.861062	0.824101		
31	30	-0.38268	1.982798	1.575788	0.53679		
32	31	-0.19509	1.039371	1.191002	0.058596		
33	32	-2.5E-16	1.001097	0.887218	0.990607		
34	33	0.19509	1.873503	0.638621	0.653906		

Excel 97-2003ブック

を選択します．

ファイルを格納するディレクトリは，

Scilabディレクトリ

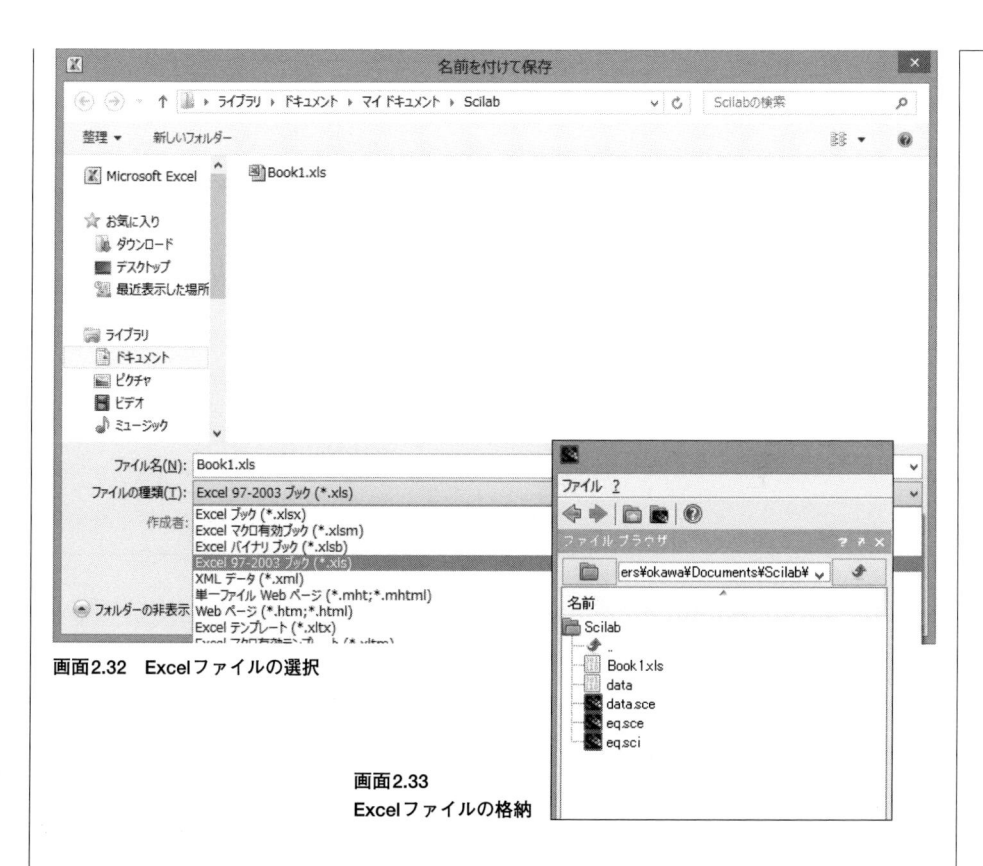

画面2.32 Excelファイルの選択

画面2.33 Excelファイルの格納

を選択して，[保存ボタン]をクリックします．

画面2.33に示すように，[ファイルブラウザ]パネルに，ファイル，

Book1.xls

を格納しました．

次に，このBook1.xlsのデータをScilabで読み込みます．

ファイルをオープンします．

コマンドラインから，

```
-->[fd,SST,Sheetnames,Sheetpos] = xls_open('Book1.xls')
```

```
-->[fd,SST,Sheetnames,Sheetpos] = xls_open('Book1.xls')
 Sheetpos =

    12122.    33749.    34149.
 Sheetnames =

!Sheet1  Sheet2  Sheet3  !
 SST =

    []
 fd =

    1.
```

画面2.34 Scilabの応答

```
-->[Value,TextInd] = xls_read(fd,Sheetpos(1))
 TextInd =

  0.   0.   0.   0.   0.
  0.   0.   0.   0.   0.
  0.   0.   0.   0.   0.
  0.   0.   0.   0.   0.
  0.   0.   0.   0.   0.
  0.   0.   0.   0.   0.
  0.   0.   0.   0.   0.
  0.   0.   0.   0.   0.
  0.   0.   0.   0.   0.
  0.   0.   0.   0.   0.
  0.   0.   0.   0.   0.
  0.   0.   0.   0.   0.
  0.   0.   0.   0.   0.
  0.   0.   0.   0.   0.
  0.   0.   0.   0.   0.
  0.   0.   0.   0.   0.
  0.   0.   0.   0.   0.
  0.   0.   0.   0.   0.
```

画面2.35 Scilabの応答

と入力します．**画面2.34**に示すように，Scilabの応答が返ってきます．

続いて，ファイルのデータを引き出します．

コマンドラインから，

```
-->[Value,TextInd] = xls_read(fd,Sheetpos(1))
```

と入力します．**画面2.35**に示すように，Scilabの応答が返ってきます．

TextIndは，すべて0です．データは，行列Valueに格納します．この部分を**画面2.36**に示します．

Book1を閉じます．コマンドラインから，

```
-->mclose(fd)
```

と入力します．これでファイルを閉じました．

ファイルを閉じても，ワークスペースのデータは生きています．

これを確認してみます．読み込んだExcelデータの「A列」をプリントします．

コマンドラインから，

```
      0.   0.   0.   0.   0.
      0.   0.   0.   0.   0.
      0.   0.   0.   0.   0.
 Value  =

      0.         0.          0.5784343    0.           0.1957911
      1.         0.1950903   0.7587664    0.0725369    0.7466518
      2.         0.3826834   0.3720973    0.0939390    0.3226289
      3.         0.5555702   0.5802624    0.2587738    0.4223295
      4.         0.7071068   0.6917748    0.2075122    0.8509267
      5.         0.8314696   1.1712564    0.4713503    0.0887319
      6.         0.9238795   1.0220573    0.2325164    0.2300832
      7.         0.9807853   0.8145041    0.0439660    0.2599994
      8.         1.          1.6172281    0.3451981    0.8305242
      9.         0.9807853   1.4324965    0.4449670    0.7479685
     10.         0.9238795   1.361435     0.3876128    0.243847
     11.         0.8314696   1.2779266    0.5351588    0.7433179
     12.         0.7071068   1.0070004    0.3517430    0.8090469
     13.         0.5555702   0.8984048    0.6926426    0.7340877
     14.         0.3826834   1.508936     0.1209642    0.8369418
     15.         0.1950903   1.1293941    0.1222700    0.2429537
     16.         1.225D-16   1.6980056    0.3882093    0.5245187
     17.       - 0.1950903   0.9040104    1.1757553    0.3908518
     18.       - 0.3826834   0.9826688    1.3898902    0.6332708
     19.       - 0.5555702   1.1877977    1.2760702    0.0520673
     20.       - 0.7071068   1.8515432    1.642645     0.0515949
     21.       - 0.8314696   1.7996348    1.3081098    0.1754127
     22.       - 0.9238795   1.0144682    1.2584787    0.7934171
     23.       - 0.9807853   2.3265967    1.7884496    0.4179516
     24.       - 1.          1.3690324    1.8310028    0.2648003
     25.       - 0.9807853   1.536253     0.3541390    0.5896506
     26.       - 0.9238795   2.4463894    0.9394625    0.7796908
     27.       - 0.8314696   1.4707871    0.6036920    0.3340175
     28.       - 0.7071068   1.9539869    1.5136972    0.8429456
     29.       - 0.5555702   1.8016839    1.670878     0.4562630
     30.       - 0.3826834   2.1536561    1.4657007    0.2028067
```

画面2.36 データはValueに格納

```
-->Value(:,1)
 ans  =

  0.
  1.
  2.
  3.
  4.
  5.
  6.
  7.
  8.
  9.
 10.
 11.
 12.
 13.
 14.
 15.
 16.
 17.
 18.
 19.
 20.
 21.
 22.
 23.
```

画面2.37 データのプリント

```
-->Value(:,1)
```

と入力します．**画面2.37**に示すように，答えが返ります．

Excelにおいて作成したデータをScilabで読み込む手順を述べました．

2.11 ── グラフ

データを，グラフにプロットする手順を述べます．

まず，データを作成します．

```
-->x=[0.639369;-0.225250;0.497502;0.720041;
-->-0.492570;-0.676780;0.708388;0.266648;
-->0.547993;0.428945;0.637216;-0.112350;
-->0.196322;-0.434480;0.675378;-0.424600;]
 x  =

    0.639369
  - 0.22525
    0.497502
    0.720041
  - 0.49257
  - 0.67678
    0.708388
    0.266648
    0.547993
    0.428945
    0.637216
  - 0.11235
    0.196322
  - 0.43448
    0.675378
  - 0.4246
```

画面2.38 データの入力

画面2.39 データファイルの作成

参考文献(1)のサンプル(**表3-1**, p.41)を使用します.
このデータを,**画面2.38**に示すようにxとして入力します.
データxをファイル'data'に格納します.

```
-->save('data','x')
```

画面2.39に示すように,Scilabディレクトリにファイルdataが作成されます.
ファイルの中身をチェックします.
xをクリアします.

```
-->clear x
```

次に,xをプリントします.
先ほどクリアしたので,xは空です.
ファイルからxを読み込みます.

```
-->load('data','x')
```

```
-->clear x

-->x
 !--error 4
変数は定義されていません: x

-->load('data','x')

-->x
 x  =

   0.639369
 - 0.22525
   0.497502
   0.720041
 - 0.49257
 - 0.67678
   0.708388
   0.266648
   0.547993
   0.428945
   0.637216
 - 0.11235
   0.196322
 - 0.43448
   0.675378
 - 0.4246
```

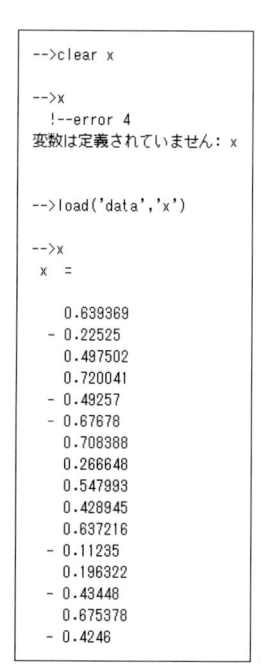

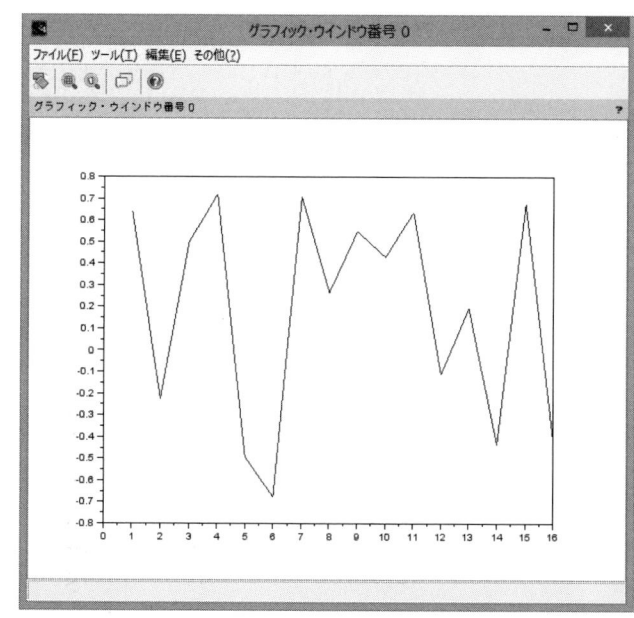

画面2.40　画面上の手続き　　**画面2.41　グラフのプロット**

xをプリントします.

```
-->x
```

操作のシーケンスを**画面2.40**に示します.
データを作成したので, グラフにプロットします.
コマンドから,

```
-->plot('x')
```

と入力します. **画面2.41**に示すようにグラフが表示されます.
x軸に特定の数値を書き込むのであれば, **画面2.42**に示すように, まず,

```
-->xaxis=[1:0.1:2.5]
```

```
-->xaxis=[1:0.1:2.5]
 xaxis  =

        column  1 to 13

    1.    1.1    1.2    1.3    1.4    1.5    1.6    1.7    1.8    1.9    2.    2.1    2.2

        column 14 to 16

    2.3    2.4    2.5

-->plot(xaxis,x)
```

画面2.42
横軸のデータ

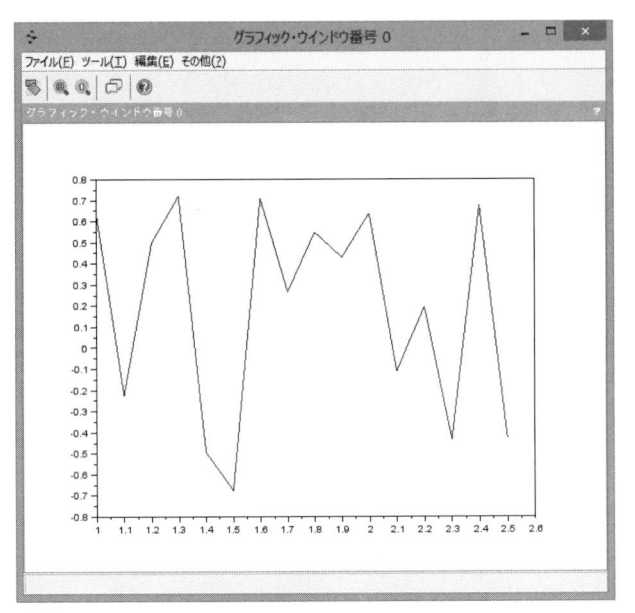

画面2.43
x軸の数値指定

と入力して，横軸のデータを作成します．

続いて，

```
-->plot(xaxis,x)
```

と入力すると，**画面2.43**に示すようにグラフがプロットされます．

グラフの形状は同じですが，x軸の数値が指定した値になっています．

第3章
ノイズ解析

3.1 — はじめに

計測データは，環境に起因するノイズを含みます．データの解析を始める前に，データからノイズを除去して，信号波形を抽出します．

3.2 — ノイズとは

計測したデータには，ほとんどの場合，ノイズ(あるいは，雑音)を含みます．
例えば，宇宙の彼方からやってくる電波は，太陽の黒点活動の影響を受けます．

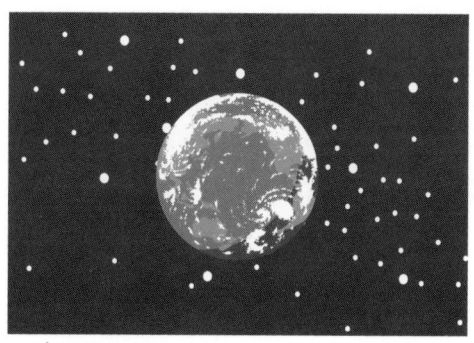

図3.1
宇宙の彼方からやってくる電波

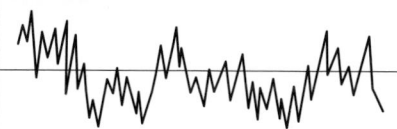

図3.2　米を洗ってゴミを取る

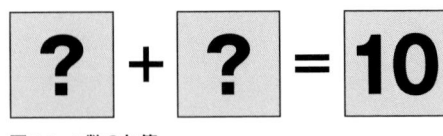

図3.3　2数の加算

　計測機のアンプは，電子の熱運動によるノイズ，あるいは温度変動のドリフトなどを含みます．
　つまり，一般に計測データは，信号とノイズを合成した，

データ＝信号＋ノイズ

という構成だと考えられます．
　データを解析して卒業論文に貼り付ける前に，まず，このノイズを取り除きます．
　これは例えば，米を炊飯器にセットする前に米を水洗いして，小さなゴミなどを取り除くのと同じです．
　ではここで，ノイズを含む信号から，ノイズだけを除去する方法について考えます．
　まず，皆さんに簡単な質問をします．
　二つの数xとyがあります．
　xとyを加算すると10になります．
　xとyはいくつですか．
　この質問に答えることはできません．
　$x=1$, $y=9$，これはOK，ところが，$x=2$で，$y=8$でもOKです．問題を満足する答えは無限に存在します．

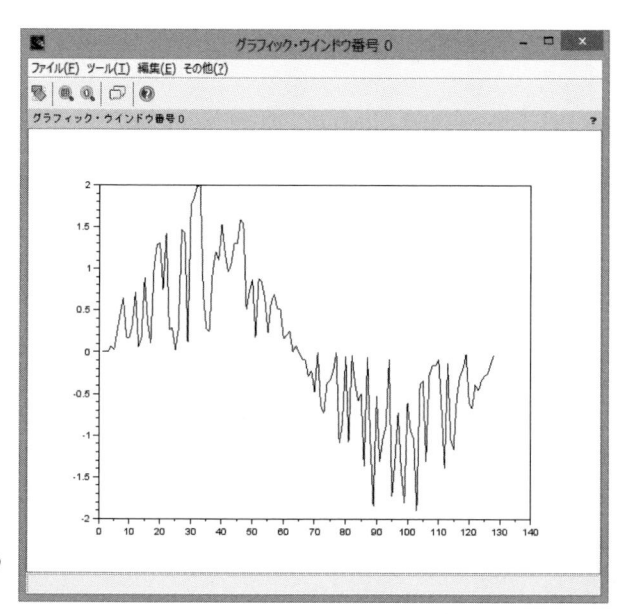

画面3.1
計測したデータの分布

代数学の立場から言うと，

xとyに，解が存在するためには，他の条件が必要

となります．

例えば，xはyの2倍，という条件を加えると，$x = \dfrac{20}{3}$, $y = \dfrac{10}{3}$ が解となります．これ以外の答えはありません．

計測したデータからノイズを除去して信号を抽出するためには，データあるいはノイズに関する情報が必要です．これを仮説(hypothesis)と言います．

仮説は，データを採取する環境に依存します．一般論として記述することはできません．実験を行っている状況に応じて仮説を立てます．

例として，画面3.1に示すデータを得たとします．

データの傾向(trend)は，しばらく増加して，その後に減少してマイナスに転じます．

データは，統計的なばらつき(statistical dispersion)を含みます．

ゆっくり変化するトレンドを「信号」とみれば，ばらつきは「ノイズ」です．

逆に，ゆっくり変化するトレンドを「ノイズ」とみれば，ばらつきは「信号」です．どち

らが正しいかを一般論として断じることはできません．データを採取した状況に依存します．

しかし，**画面3.1**に示したデータのように，計測したデータが，

> ゆっくりした波形＋激しく変動するばらつき

ならば波形を，

> 繰り返し（周期，あるいは振動数）

という尺度によって，二つのデータに分けることが可能です．
　データとノイズの性質の違いを利用して，データからノイズを削除します．これが，ノイズ解析の基本原理です．

3.3 ── ヒストグラム

　サンプルとして，**画面3.2**に示すデータを取り上げます．
　データの配列をyとします．yの値は，0と1の区間に分布します．データの個数は128個です．
　yのヒストグラム（histogram）を作成します．
　ヒストグラムは，データの出現頻度を示します．
　コンソールのコマンドラインから，

```
-->histplot([0:0.1:1],y,style=2)
```

と入力します．
　ここで[0:0.1:1]は，データの区間を示し，通常は，

> ［データの最小値：区間幅：最大値］）

となります．

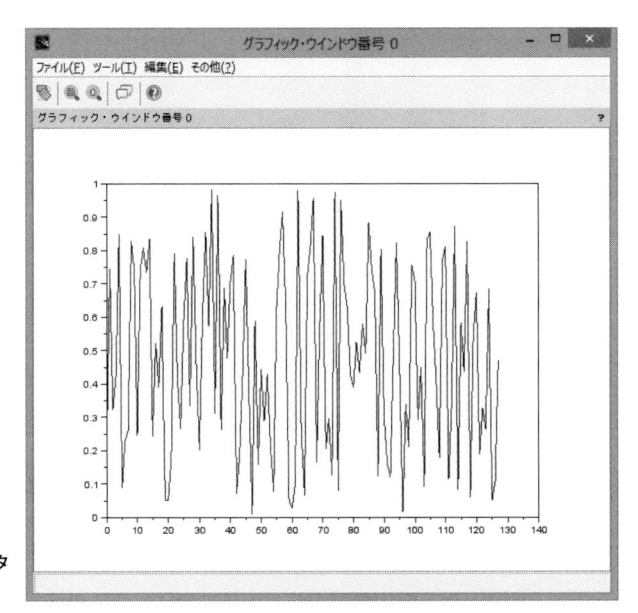

画面3.2
計測したデータの分布

ここでは，区間幅を0.1として，0と1の区間に10本の区間を設けます．

yはプロットするデータです．

styleは，グラフの形式を指定します．

画面3.3に示すように，データのヒストグラムをプロットします．

ヒストグラムの分布をほぼ横一線と判断すれば，このデータは，

ランダムなデータである

と結論します．**画面3.1**のデータのヒストグラムを，**画面3.4**に示します．

ヒストグラムは，一様な分布（あるいは，ランダムな信号）と判定できません．

このデータは，信号とノイズの両者を含みます．

ランダムな要因が多く存在すると，データは正規分布に近づくという定理があります．

参考文献(1)の5.3節(p.83)において使用したデータを，**表3.1**に再掲します．

第1列のxはデータの測定値，第2列のqはデータ出現の回数です．

表3.1のデータを**画面3.5**に示すように，Scilabに入力します．

続いて，データの総数nを，

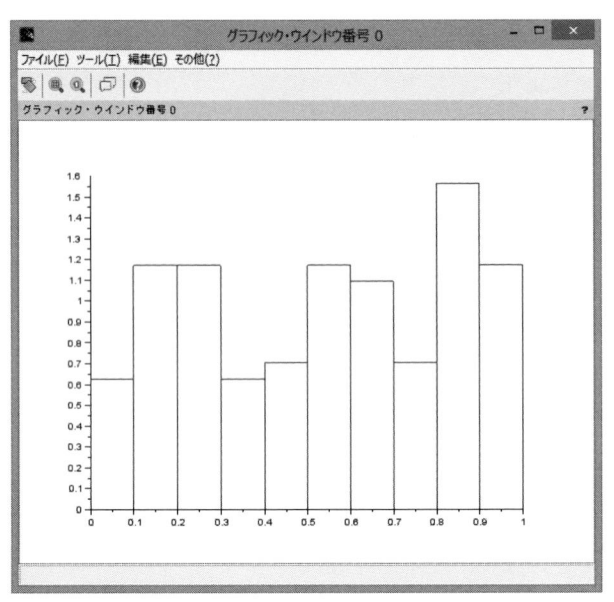

画面3.3　データのヒストグラム

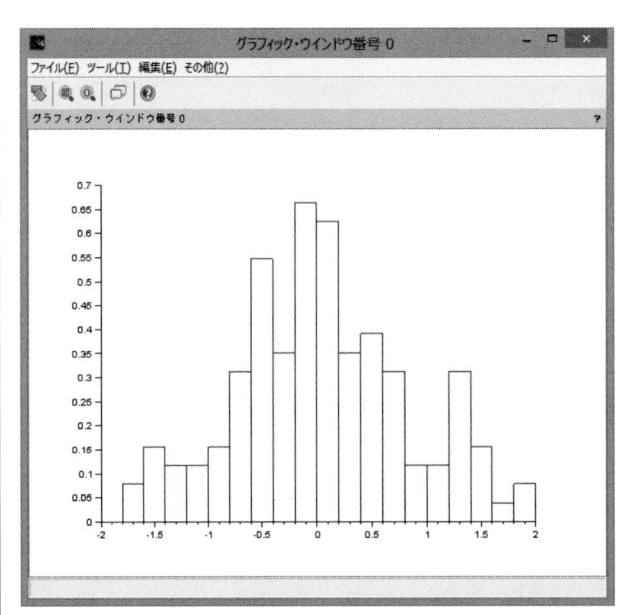

画面3.4　データのヒストグラム

表3.1　参考文献(1)の5.3節 (p.83)において使用したデータ

計測値 x	頻度 q
20	2
21	1
22	3
23	1
24	6
25	7
26	8
27	6
28	3
29	6
30	5
31	2

```
-->x=[[20:1:30]]
 x =

    20.   21.   22.   23.   24.   25.   26.   27.   28.   29.   30.
-->q=[2,1,3,1,6,7,8,6,3,6,5,2]
 q =

    2.   1.   3.   1.   6.   7.   8.   6.   3.   6.   5.   2.
```

画面3.5 データの入力

```
-->n=sum(q)
```

として計算します.

数式で書くと,

$$n = \sum_{i=1}^{i=12} q_i$$

となります.

計算結果はn = 50です.

次に平均値xmを,

```
-->xm=q*x'/n
```

として計算します.

ここで, q*x'は二つのベクトルのスカラー積 (inner product, あるいは積和) です.

数式で書くと,

$$xm = \frac{1}{n}\sum_{i=1}^{i=12} q_i x_i$$

となります.

計算結果は, xm = 26.18です.

```
-->n=sum(q)
 n  =

    50.

-->xm=q*x'/n
 xm  =

    26.18

-->sigma=sqrt(q*(x^2)'/n-xm^2)
 sigma  =

    2.7762565
```

画面3.6
データ数，平均値，標準偏差

```
-->dd
 dd  =

        column  1 to 12

    20.   20.   21.   22.   22.   22.   23.   24.   24.   24.   24.   24.

        column 13 to 24

    24.   25.   25.   25.   25.   25.   25.   25.   26.   26.   26.   26.

        column 25 to 36

    26.   26.   26.   26.   27.   27.   27.   27.   27.   28.   28.   28.

        column 37 to 48

    29.   29.   29.   29.   29.   29.   30.   30.   30.   30.   30.   31.

        column 49 to 50

    31.   27.
-->stdev(dd)
 ans  =

    2.8044425
```

画面3.7
Scilabの標準偏差

標準偏差(standard deviation)を，

```
-->sigma=sqrt(q*(x^2)'/n-xm^2)
```

によって計算します．
　数式で書くと，

58　第3章——ノイズ解析

$$\sigma = \sqrt{\frac{1}{n}\sum_{i=1}^{i=12} q_i x_i^2 - xm^2}$$

となります.

計算結果は,sigma = 2.7762565です. 参考文献(1),p.83の**表5-2**の数値と一致します.

コンソール画面を**画面3.6**に示します.

Scilabの関数stdevを使って,σを計算します.

計算の過程を**画面3.7**に示します.

Scilabの標準偏差は不偏分散を計算するので,両者の答えは一致しません.

3.4 —— 移動平均

信号からノイズを除去するために,データの移動平均(moving average)を計算します.n個のデータを,

$x(1), x(2),..., x(n)$

あるいは,添え字を変数にして,

$x(i) \quad (i=1,2,...,n)$

と書きます.

データ$x(i)$に関して,スパンmの単純移動平均(simple moving average)を定義します.

$$y(j) = \frac{x(i+j-1)+...+x(i+j+2m-1)}{2m+1}$$

ここで,mは正の整数値,

$m = 1, 2, ...$

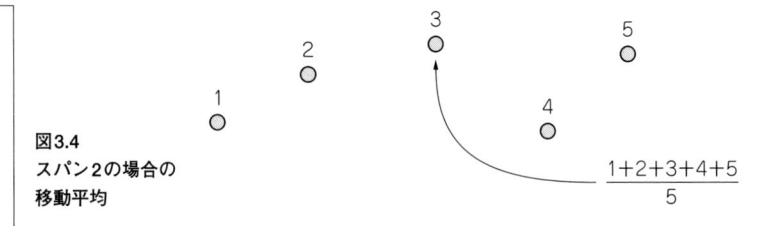

図3.4
スパン2の場合の
移動平均

$$\frac{1+2+3+4+5}{5}$$

リスト3.1　単純移動平均を計算する関数

```
function [y, q]=movave(x, m)
    n=length(x)
    y=zeros(1:n-2*m)
    q=0
    for i=1:n-2*m
        for j=1:2*m+1
            y(i)=y(i)+x(i+j-1)
        end
        y(i)=y(i)/(2*m+1)
        q=q+abs(x(i+m)-y(i))
    end
    q=q/(n-2*m)
endfunction
```

などです．

単純移動平均は，直近$2m+1$個のデータ（自分を含む）の平均値を計算します．

$m=2$の場合を**図3.4**に示します．

単純移動平均を計算する関数を作成します．

SciNotesを起動します．

リスト3.1のプログラムを書き込みます．

このプログラムの説明をします．

引き数は，

　　データの配列x，
　　単純移動平均のスパンm，

です．
　配列xの要素の数を変数nに格納します．
　要素数がn－2mの配列yを新規に作成して，その初期値を0とします．
　ループに入って2m＋1個のxの和を計算して，その平均値を計算します．
　この計算をn－2m回繰り返します．
　データの値と計算した移動平均の差を計算して，総和qへ加算します．
　プログラムを書き込んだら，ファイル名を，

```
moveave.sci
```

として保存します．
　以上でプログラムができたので，Scilabにおいて移動平均を計算します．
　画面3.1（p.53）のデータを使用します．
　まず，**画面3.8**に示すようにデータを読み込みます．
　データは，全部で128個あります．**画面3.8**は，128個のデータの先頭部をプリントしています．
　続いて，**画面3.9**に示すように，ファイルmovave.sciを読み込みます．
　このファイルには，**リスト3.1**のプログラムを書き込みました．
　まず，スパン$m＝1$で移動平均を計算します．
　画面3.10に示すように，コマンドラインから，

```
-->movave(x,1)
```

と入力します．
　画面3.10は，計算した単純移動平均の先頭部を示しています．
　計算した単純移動平均をプロットします．
　コマンドライから，

```
plot([2:127],y)
```

と入力します．**画面3.11**に示すように，移動平均のグラフをプロットします．

```
-->x
 x  =

    0.5784343
    0.7587664
    0.3720973
    0.5802624
    0.6917748
    1.1712564
    1.0220573
    0.8145041
    1.6172281
    1.4324965
    1.361435
    1.2779266
    1.0070004
    0.8984048
    1.508936
    1.1293941
    1.6980056
    0.9040104
    0.9826688
    1.1877977
    1.8515432
    1.7996348
    1.0144682
    2.3265967
    1.3690324
    1.536253
    2.4463894
    1.4707871
    1.9539869
    1.8016839
    2.1536561
    1.8443733
```

画面3.8 データの読み込み

```
-->exec('movave.sci')

-->function y=movave(x,m)
-->    n=length(x)
-->    y=zeros(1:n-2*m)
-->    for i=1:n-2*m
-->        for j=1:2*m+1
-->            y(i)=y(i)+x(i+j-1)
-->        end
-->        y(i)=y(i)/(2*m+1)
-->    end
-->endfunction
```

画面3.9 計算式の読み込み

画面3.1と比較してみてください．データは，多少，滑らかになっています．

計測データxを移動平均yに重ねてプロットします．

コマンドラインから，

```
-->plot(x,'b+')
```

と入力します．**画面3.12**に示すように，計測データxと移動平均yを重ねてプロットしました．

グラフを見ると，移動平均を計算することによって，データのばらつきが減少することを確認できます．

データが移動した値の平均値をqとします．

qを計算すると，

$q = 0.29$

```
-->[y,q]=movave(x,1)
 q  =

    0.2897423
 y  =

        column 1 to 9

    0.5697660    0.5703754    0.5480448    0.8144312    0.9616962    1.0026059    1.1512632    1.2880762    1.4703865

        column 10 to 18

    1.357286     1.215454     1.0611106    1.1381137    1.1789116    1.4454452    1.2438034    1.194895     1.0248257

        column 19 to 27

    1.3406699    1.6129919    1.5552154    1.7135666    1.5700325    1.7439607    1.7838916    1.8178098    1.9570545

        column 28 to 36

    1.7421526    1.9697756    1.9332377    1.8286704    1.8468542    1.5815623    1.4168499    1.4674738    1.8514304

        column 37 to 45

    1.9467888    1.5074585    1.2505482    1.4575166    1.5895038    1.5113747    1.5214073    1.4020423    1.6756618

        column 46 to 54

    1.6976302    1.9640078    1.7130816    1.6144803    1.2086592    1.0033154    0.7128814    0.9533553    1.2840581

        column 55 to 63

    1.5622684    1.7051308    1.3811367    0.9159843    0.7976439    1.0365471    1.0251204    0.7408382    0.5996301

        column 64 to 72
```

画面3.10 コマンドの入力

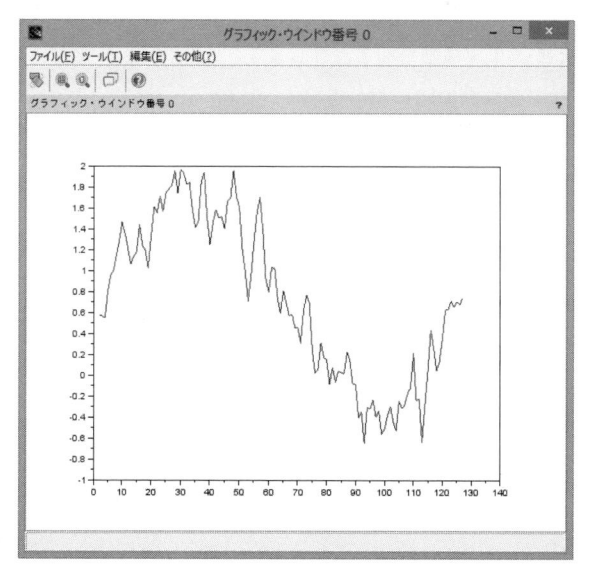

**画面3.11
移動平均のグラフ**

3.4——移動平均

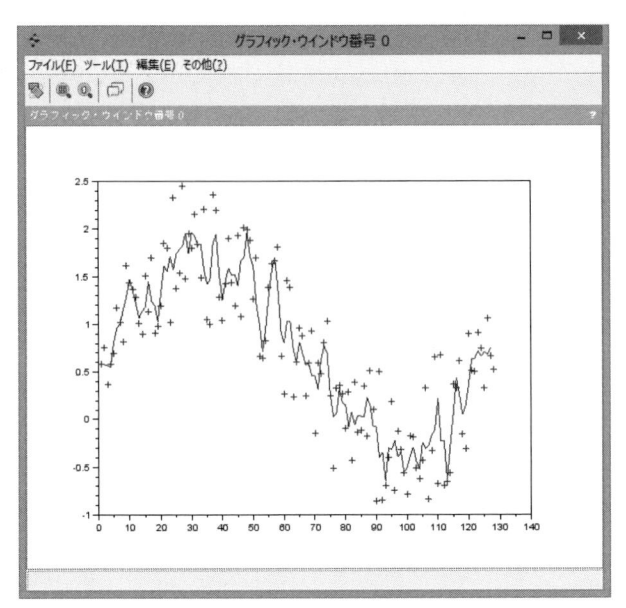

画面3.12　計測データxと移動平均yのプロット

となります．計測データ各点は，平均して0.29移動しました．

スパンmを2として，単純移動平均を計算します．

移動平均yのグラフを**画面3.13**に示します．

データxを重ねたグラフを**画面3.14**に示します．

qの値は，

$q = 0.35$

です．スパン1の場合に比較して0.06多く移動しています．スパンを広げることによって，計測点の移動量は増加しました．

移動平均のスパンmを3として，計算を繰り返します．移動平均yのグラフを**画面3.15**に示します．

データxを重ねたグラフを**画面3.16**に示します．

qの値は，

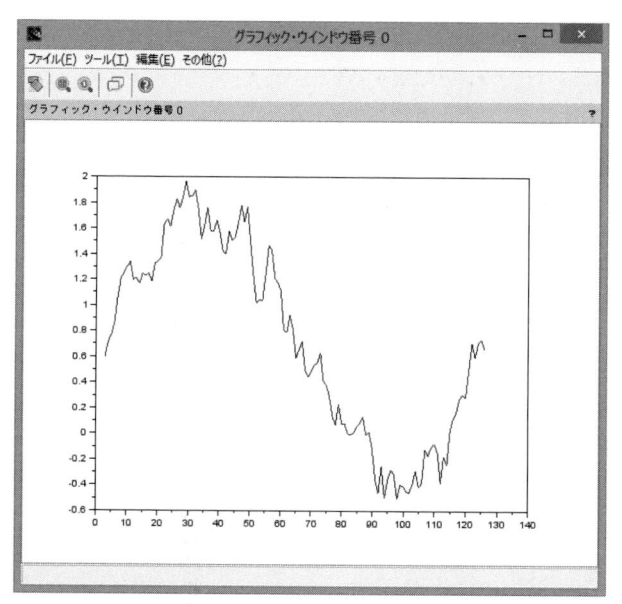

画面3.13 移動平均yのグラフ

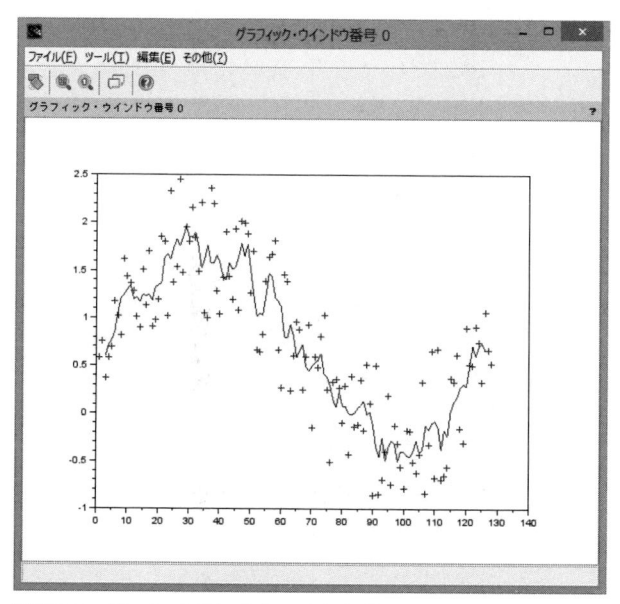

画面3.14 データxを重ねてプロットしたグラフ

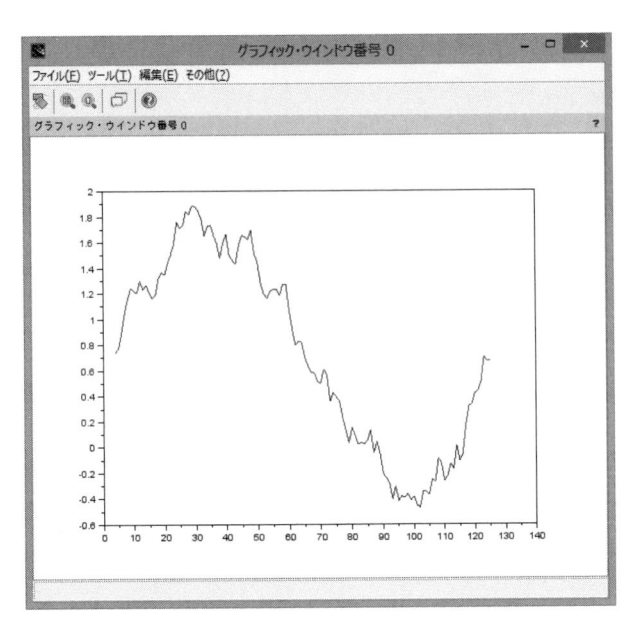

画面3.15 移動平均のグラフ

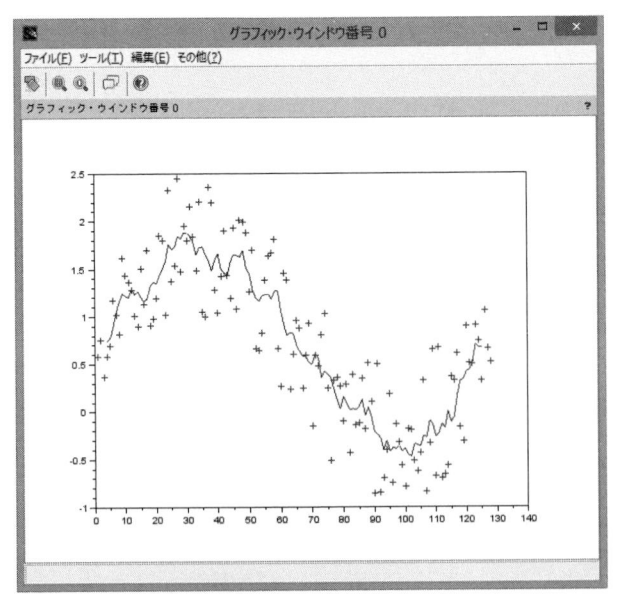

画面3.16 データxを重ねてプロットしたグラフ

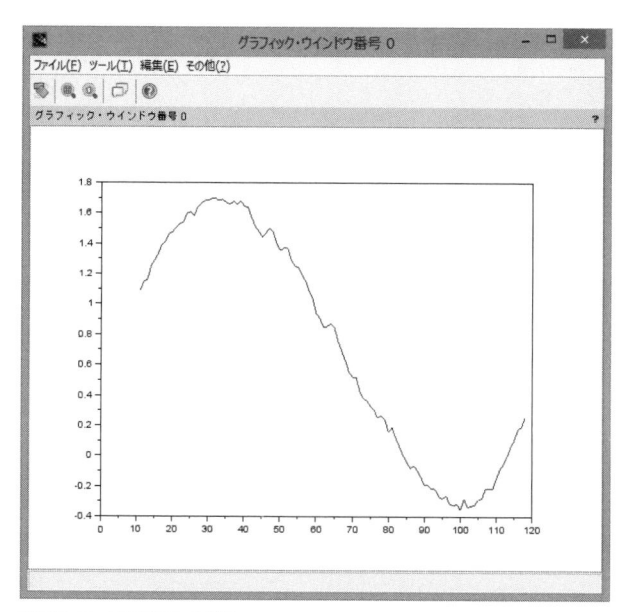

画面3.17　移動平均のグラフ

$$q = 0.35$$

です．移動量は同じです．

移動平均のスパンmを10として計算を繰り返します．

移動平均yのグラフを**画面3.17**に示します．

データxを重ねたグラフを**画面3.18**に示します．

qの値は，

$$q = 0.38$$

です．

ここまで来ると，信号のトレンドが見えてきます．

単純な平均ではなくて，重みを付けて加算します．

これを重み付の**移動平均**（weighted moving average）と呼びます．

重み付の移動平均において，スパンmの重みベクトルwを使います．

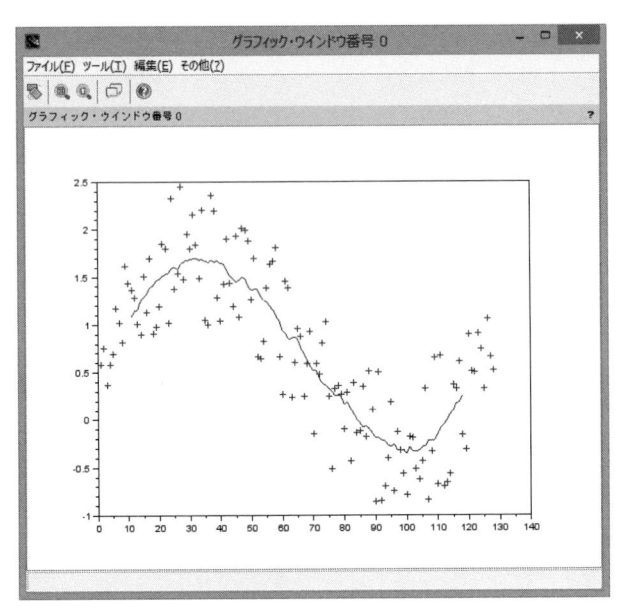

画面3.18　データxとyのプロット

スパンの重みのベクトルは，例えば，

$$w = \left\{\frac{1}{4}, \frac{1}{2}, \frac{1}{4}\right\} \text{あるいは} w = \left\{\frac{1}{7}, \frac{4}{7}, \frac{2}{7}\right\}$$

などと定義します．

重みの付け方は任意ですが，通常，中央の値は大きく，端へ行くほど小さな値に設定します．

ここで，重みの総和は，

$$\sum_{i=1}^{2m+1} w(i) = 1$$

とします．

重み付の移動平均の計算式は，

リスト3.2 重み付の移動平均の計算式

```
function y=moveavew(x, m, w)
    n=length(x)
    y=zeros(1:n-2*m)
    q=0
    for i=1:n-2*m
        y(i)=0
        for j=1:2*m+1
            y(i)=y(i)+x(i+j-1)*w(j)
        end
        q=q+abs(x(i+m)-y(i))
    end
    q=q/(n-2*m)
endfunction
```

$$y(j) = w(1)x(j) + \ldots + w(2m+1)x(j+2m) \quad (j=1,\ldots,n-2m)$$

です.

まず，Scilabのfunctionを作成します．

SciNotesを開いて，**リスト3.2**に示すようにプログラムを書き込みます．

プログラムを書き込んだならば，ファイル名を，

```
movavew.sci
```

として，保存します．

Scilabを使って，重み付の移動平均を計算します．

画面3.1のデータを再度使います．データの名前をxとします．

まず，データxの内容をチェックします．

コマンドラインから，

```
-->x
```

と入力します．

xのデータを確認します．

```
-->exec('movavew.sci')

-->function [y,q]=movavew(x,m,w)
-->    n=length(x)
-->    y=zeros(1:n-2*m)
-->    q=0
-->    for i=1:n-2*m
-->        y(i)=0
-->        for j=1:2*m+1
-->            y(i)=y(i)+x(i+j-1)*w(j)
-->        end
-->        q=q+abs(x(i+m)-y(i))
-->    end
-->    q=q/(n-2*m)
-->endfunction
```

画面3.19 関数の読み込み

```
-->w=[0.25,0.5,0.25]
 w  =

    0.25    0.5    0.25
```

画面3.20 重みの定義

OKです.

functionを読み込みます.

コマンドラインから,

```
-->exec('movavew.sci')
```

と入力します. **画面3.19**に示すように, 関数を読み込みます.

画面3.20に示すように, 重みを定義します.

重み付の移動平均を計算します.

コマンドラインから,

```
-->y=movavew(x,1,w)
```

と入力します.

結果をグラフにプロットします.

コマンドラインから,

```
-->plot([1:127],y)
```

と入力します. **画面3.21**に示すように, 重み付の移動平均をプロットします.

データを重ねてプロットしたグラフを**画面3.22**に示します.

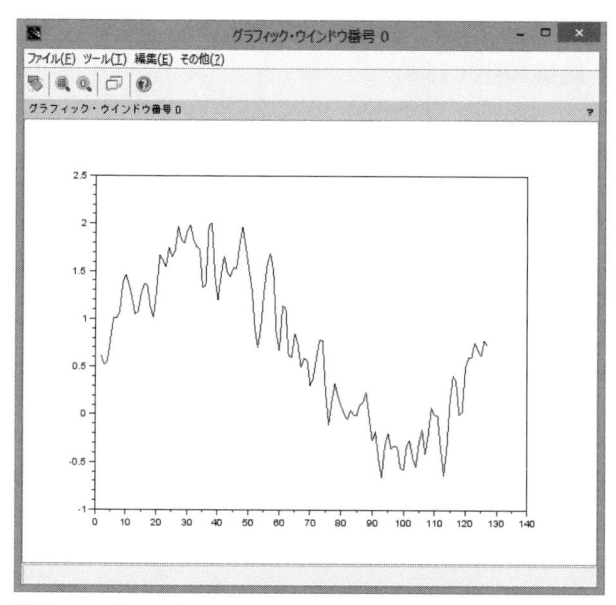

画面3.21　重み付の移動平均のプロット

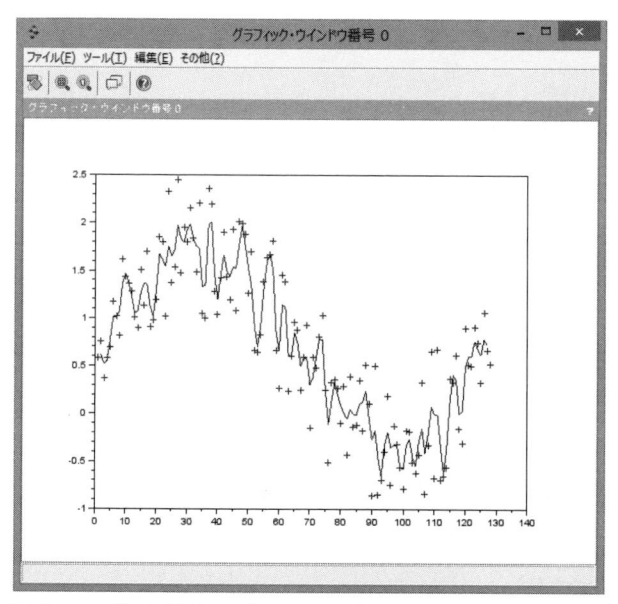

画面3.22　データを重ねてプロットしたグラフ

3.5 — 曲線の当てはめ

計測データに対して曲線を当てはめることによって，ノイズを含んだ波形から信号を抽出することができます．

この手法を**曲線の当てはめ** (curve fitting) と言います．

本節では，**カーブ・フィッティング**と呼びます．

では，確かめてみましょう．まず，データを用意します．

画面3.1のデータを使用します．画面3.23に示すように，画面3.1のデータの最初の32個を抽出します．

データの名前をyとします．

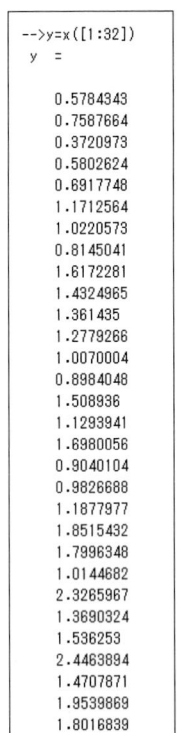

```
-->y=x([1:32])
 y  =

    0.5784343
    0.7587664
    0.3720973
    0.5802624
    0.6917748
    1.1712564
    1.0220573
    0.8145041
    1.6172281
    1.4324965
    1.361435
    1.2779266
    1.0070004
    0.8984048
    1.508936
    1.1293941
    1.6980056
    0.9040104
    0.9826688
    1.1877977
    1.8515432
    1.7996348
    1.0144682
    2.3265967
    1.3690324
    1.536253
    2.4463894
    1.4707871
    1.9539869
    1.8016839
    2.1536561
    1.8443733
```

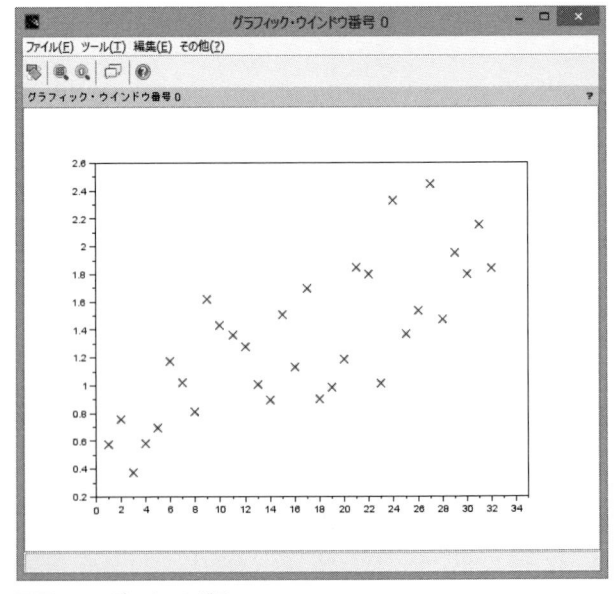

画面3.23 データ

画面3.24 データyのグラフ

yのグラフを**画面3.24**にプロットします.
データが用意できたので,次にカーブフィッティングの計算式を作成します.
いま,**画面3.24**のデータyに対して,

> 直線を当てはめる

とします.
当てはめる直線の方程式を,

$$y = ax + b \tag{3.1}$$

とします.
ここで,a,bは未定係数です.
この分野を開拓したパイオニア,Lagrangeの功績をたたえて,a,bを,**ラグランジェの未定係数**(Lagrange multiplier)と呼びます.
ラグランジェの未定係数を決定するために,評価関数を導入します.
評価関数は,

> データと当てはめる直線の差の2乗和

とします.
数式で書くと,評価関数は,

$$Q = \sum_{i=1}^{n}(y_i - (ax_i + b))^2 \tag{3.2}$$

となります.ここで,

- x_i データを採取した時刻(**画面3.24**の横軸)
- y_i データの計測値(**画面3.24**の縦軸)
- n データの総数

3.5——曲線の当てはめ

です．

数学的に言うと，カーブフィッティングとは，

> 評価関数Qを最小にする，a, bを決定する問題

です．

評価関数の最小値を求めるために，(3.2)式を未定係数a, bによって偏微分して，0と置くと，

$$\frac{\partial Q}{\partial a} = 2\sum_{i=1}^{n}(y_i - (ax_i + b))x_i = 0$$

$$\frac{\partial Q}{\partial b} = 2\sum_{i=1}^{n}(y_i - (ax_i + b)) = 0$$

となります．

整理すると，

$$\sum y_i x_i - a\sum x_i^2 - b\sum x_i = 0$$

$$\sum y_i - a\sum x_i - nb = 0$$

となります．

nは，データの総数です．

ここで，

$$YX = \sum y_i x_i$$

$$XX = \sum x_i^2$$

$$Y = \sum y_i$$

$$X = \sum x_i$$

と置くと，代数方程式は，

$$YX - aXX - bX = 0$$
$$Y - aX - nb = 0$$

となります．

マトリックス形式で書くと，

$$\begin{bmatrix} XX & X \\ X & n \end{bmatrix} \begin{bmatrix} a \\ b \end{bmatrix} = \begin{bmatrix} YX \\ Y \end{bmatrix}$$

となります．

これを，a, bに関して解くと，

$$\begin{bmatrix} a \\ b \end{bmatrix} = \begin{bmatrix} XX & X \\ X & n \end{bmatrix}^{-1} \begin{bmatrix} YX \\ Y \end{bmatrix} \quad \cdots\cdots\cdots (3.3)$$

となります．

ただし，必要条件は係数行列の行列式 (determinant) は0ではありません．すなわち，

$$XX \times n - X^2 \neq 0 \quad \cdots\cdots\cdots (3.4)$$

です．

では，ここで問題です．(3.4)式が0になるのはどのようなデータですか．

結論を言うと，

xの値が，すべて，等しいデータ

です．

波形を観測する際には，通常，異なる時間において，データを採取するので，この条件が成立することはありません．

```
-->x=[1:32]
 x  =

        column 1 to 18

  1.  2.  3.  4.  5.  6.  7.  8.  9.  10.  11.  12.  13.  14.  15.  16.  17.  18.

        column 19 to 32

  19.  20.  21.  22.  23.  24.  25.  26.  27.  28.  29.  30.  31.  32.
```

画面3.25 時間軸のデータ

安心して，(3.3)式を使用します．

Scilabを使って，実際に計算を行います．

データyは，すでに読み込みました(**画面3.23，3.24**)．

xは時間軸のデータです．

ここでは，**画面3.25**に示すように整数値を与えます．

必要な積和計算を行います．

まず，データの総数を，

```
-->n=32
```

と定義します．

以下，マトリックスの要素を計算します．

計算の過程を**画面3.26**に示します．

マトリックスの要素を計算したので，(3.3)式を使って未定係数を計算します．

コマンドラインから，

```
-->p=inv([XX X;X n])*[YX;Y]
```

と入力します．**画面3.27**に示すように，答えが返ってきます．

データと当てはめた直線を，**画面3.28**に示すようにグラフにプロットします．

今度は，**画面3.1**のデータを64個使います．

データの名前は，同じ名前yとします．

yの分布を**画面3.29**に示します．

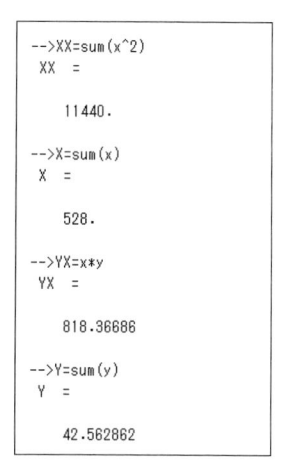

```
-->XX=sum(x^2)
 XX  =

    11440.

-->X=sum(x)
 X  =

    528.

-->YX=x*y
 YX  =

    818.36686

-->Y=sum(y)
 Y  =

    42.562862
```

画面3.26　マトリックスの係数

```
-->p=inv([XX X;X n])*[YX;Y]
 p  =

    0.0425512
    0.6279948
```

画面3.27　未定係数の計算

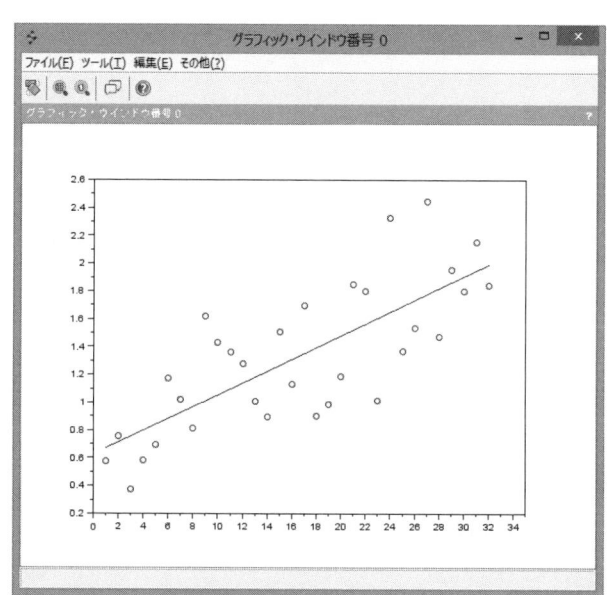

画面3.28　データと直線のグラフ

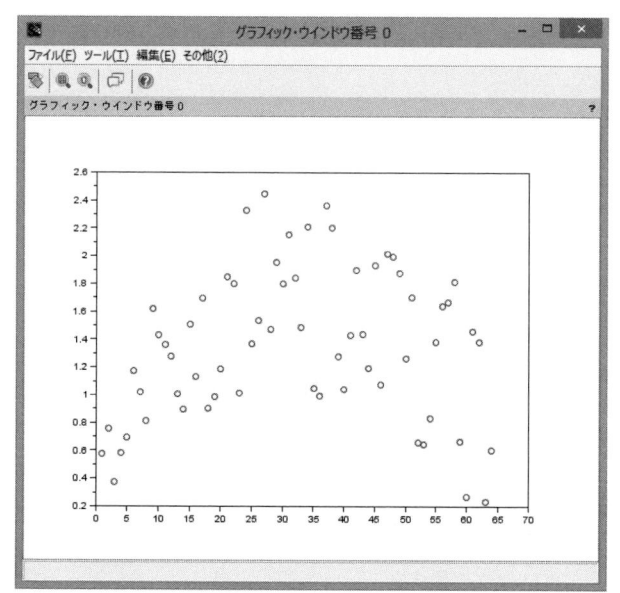

画面3.29　データのプロット

3.5——曲線の当てはめ

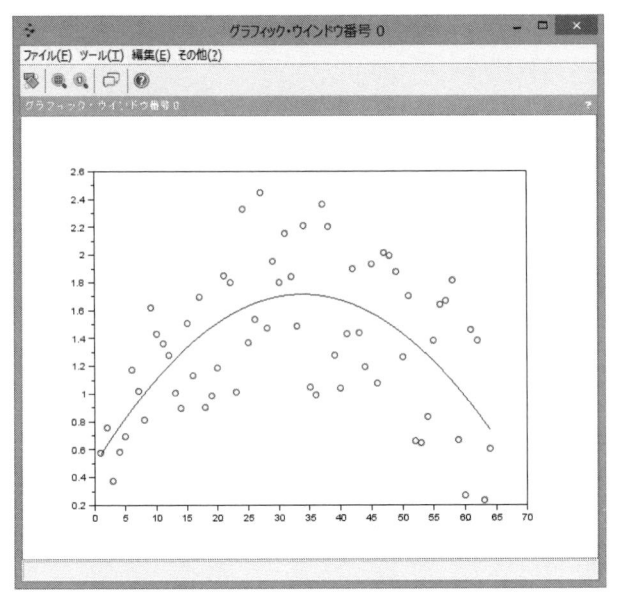

画面3.30　データと曲線のプロット

2次関数

$$y = ax^2 + bx + c$$

を当てはめます．

最小2乗法を適用して，解を計算すると，

$$\begin{bmatrix} a \\ b \\ c \end{bmatrix} = \begin{bmatrix} \sum x^4 & \sum x^3 & \sum x^2 \\ \sum x^3 & \sum x^2 & \sum x \\ \sum x^2 & \sum x & n \end{bmatrix}^{-1} \begin{bmatrix} \sum yx^2 \\ \sum yx \\ \sum y \end{bmatrix} \quad \cdots\cdots (3.5)$$

となります．結果をプロットすると，**画面3.30**となります．

当てはめる方程式を，

$$y = ax^3 + bx^3 + cx + d$$

とすると，解は，

$$\begin{bmatrix} a \\ b \\ c \\ d \end{bmatrix} = \begin{bmatrix} \sum x^6 & \sum x^5 & \sum x^4 & \sum x^3 \\ \sum x^5 & \sum x^4 & \sum x^3 & \sum x^2 \\ \sum x^4 & \sum x^3 & \sum x^2 & \sum x \\ \sum x^3 & \sum x^2 & \sum x & n \end{bmatrix}^{-1} \begin{bmatrix} \sum yx^3 \\ \sum yx^2 \\ \sum yx \\ \sum y \end{bmatrix} \quad \cdots\cdots (3.6)$$

となります．

以下，同様に計算を進めます．

皆さんの演習問題とします．チャレンジしてみてください．

3.6 ── 最急降下法

最急降下法 (steepest descent method) を使ってノイズ解析を行う方法を述べます．

問題を拡張します．

画面3.1 (p.53) に示した全データを使用します．

画面3.1を見ると，データは増加して減少し，また増加します．

そこで，当てはめる関数を，

$$y = a\sin(bx) + c \quad \cdots\cdots (3.7)$$

とします．

ラグランジェの未定係数は，3個の a，b，c です．

評価関数は，誤差の2乗和，

$$Q = \sum_{i=1}^{n}(y_i - (a\sin(bx_i) + c))^2 \quad \cdots\cdots (3.8)$$

とします.

(3.8)式を,未定係数 a, b, c によって偏微分して,結果を0と置くと,

$$\frac{\partial Q}{\partial a} = 2\sum (y_i - (a\sin(bx_i) + c))\sin(bx_i) = 0$$

$$\frac{\partial Q}{\partial b} = 2\sum (y_i - (a\sin(bx_i) + c))a\cos(bx_i)x_i = 0$$

$$\frac{\partial Q}{\partial a} = 2\sum (y_i - (a\sin(bx_i) + c)) = 0$$

となります.

整理すると,

$$\sum y_i \sin(bx_i) - a\sum \sin(bx_i)^2 - c\sum \sin(bx_i) = 0$$

$$\sum y_i x_i \cos(bx_i) - a\sum x_i \sin(bx_i)\cos(bx_i) - c\sum x_i \cos(bx_i) = 0$$

$$\sum y_i - a\sum \sin(bx_i) - nc = 0$$

となります.

この連立方程式を未定係数 a, b, c に関して,代数的に解くことはできません.
「代数的に解く」という言葉の意味は,解が,

$$a = \cdots$$
$$b = \cdots$$
$$c = \cdots$$

という形式で得られ,かつ,右辺に未定係数 a, b, c が含まれていないことを意味します.
(3.8)式は,代数的に解くことはできないので,**最急降下法**を使います.
最急降下法の意味を,例を使って説明します.
登山して,道に迷ったとします.
日は暮れて,あたりは真っ暗です.一寸先も見えません.とにかく,下山しなければな

図3.5 東西南北に手を伸ばして，高さを測る

りません．

図3.5に示したように，東西南北に手を伸ばして地形を測ります．

東西南北のなかで，一番低い場所へ一歩移動します．

現在位置より低い所へ移動しました．

この手続きを繰り返します．

低いところへ，低いところへ……，と移動します．

現在の位置より低いところがなければ，これ以上は移動できません．ここが終点です．アルゴリズムは停止します．

最急降下法を適用する際に必要なものは，

最小値を求める関数	$y = f(x)$
評価関数	Q
x の初期値 (initial guess)	x_0

です．

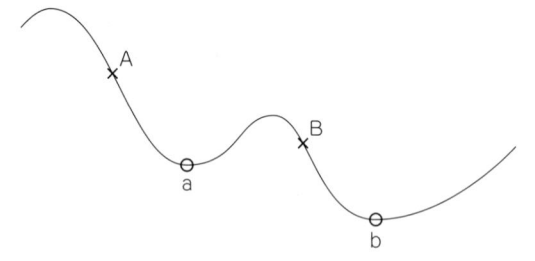

図3.6 初期位置と解の関係

関数fは，計算可能（computable）であればOKです．その他の制限条件は一切ありません．

評価関数Qは，通常，

$$Q = y - f(x)$$

などとします．ここで，yは現在位置，$f(x)$は移動候補地の値です．

最も大きいQを与えるx（すなわち，最大降下量を与える）点に移動します．

初期位置の値x_0は，とても重要です．

図3.6のA点から出発すると，位置aで計算は停止します．B点から出発すると，bで停止します．

最急降下法は，極値（extremum）を求めるアルゴリズムです．最小値（minimum）を求めるアルゴリズムではありません．

このため，計算をスタートする際に与える初期値が重要です．

最小値を与えると推定して，x近傍の値を初期値とします．

最急降下法は，逐次近似法（successive approximation）です．

計算時間を短縮するためにも，xの初期値は解に近い値を指定する必要があります．

それでは，最急降下法を使って計算を行います．

画面3.1に示した128個のデータを使用します．

与えられたデータを再プロットすると，画面3.31になります．

Scilabは，最急降下法のために，関数，

```
datafit
```

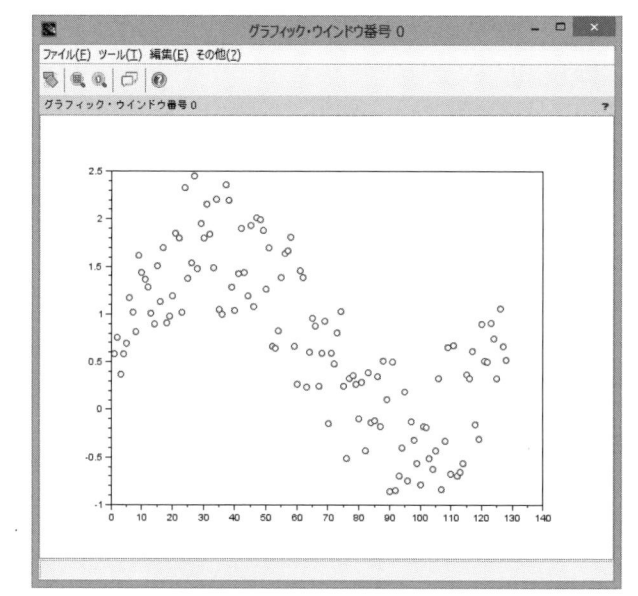

画面3.31 データのプロット

を用意しています．

このdatafitを使います．

ヘルプを開いて，このプログラムを読んでください．

> **注意**
> Scilabには，datafitの他にleastsqとfit_datがあります．これらの関数の機能は，datafitとほとんど同じです．

Scilabのサンプルdatafitを参考にして，プログラムを作成します．

SciNotesを開いて，**リスト3.3**のプログラムを書き込みます．

プログラムの説明をします．

(3.7) 式を計算するfunction,

```
function y=FF(x,p)
  y=p(1)*sin(p(2)*x)+p(3);
endfunction
```

リスト3.3　最急降下法の関数datafit

```
function y=FF(x,p)
  y=p(1)*sin(p(2)*x)+p(3);
endfunction
X=[1:128];
Y=Value(:,3)';
Z=[Y;X];
function e=G(p, z)
  y=z(1)
  x=z(2)
  e=y-FF(x,p)
endfunction
p0=[1;0.05;0.7];
[p,err]=datafit(G,Z,p0)
plot(Y,'bo');
plot(FF(X,p));
```

を記述します．p(1)，p(2)，p(3)は，ラグランジェの未定係数です．

続いて，データY，Xを作成します．

ここでは，波形のデータを扱うので，Yは縦軸の値(すなわち，計測値)，Xは横軸の値(すなわち，計測した時間)です．

Y，Xは，いずれも横ベクトルです．

> **注意**　リスト3.3において，計測値Yは配列Valueにすでに読み込まれているとしています．

カーブフィッティングの関数datafitが要求するデータ構造Z，

```
Z=[Y;X]
```

を構成します．

Zは，第1行に計測値を，第2行に時間軸の値を並べた，2×nの行列です．

評価関数を，

```
function e=G(p, z)
  y=z(1)
  x=z(2)
  e=y-FF(x)
endfunction
```

と与えます.

ここでは，計算したpを使って関数の値を計算して，誤差を出力します.

誤差は，現在位置の値と候補地の値の差分としています.

この関数は，内部的に使用します.

準備ができたので，datafitを使って最急降下法の計算,

```
p0=[1;0.05;0.7];
[p,err]=datafit(G,Z,p0);
```

を実行します.

計算が終了したら，結果をグラフにプロットします.

プログラムを記入して，名前,

　　datafit1.sce

として保存します.

では，プログラムを実行してみます.

まず，必要なデータを読み込みます.

コマンドラインから,

```
-->exec('readBook1.sce')
```

と入力します.

データを読み込んだら，プログラムを実行します.

```
-->exec('datafit1.sce')

-->function y=FF(x,p)
-->    y=p(1)*sin(p(2)*x)+p(3);
-->endfunction
警告：関数が再定義されています: FF


-->X=[1:128];

-->Y=Value(:,3)';

-->Z=[Y;X];

-->function e=G(p, z)
-->    y=z(1)
-->    x=z(2)
-->    e=y-FF(x,p)
-->endfunction

-->p0=[1;0.05;0.7];

-->[p,err]=datafit(G,Z,p0);

-->p
 p  =

    1.0033565
    0.0482473
    0.7206824

-->plot(Y,'bo');


-->plot(FF(X,p));
```

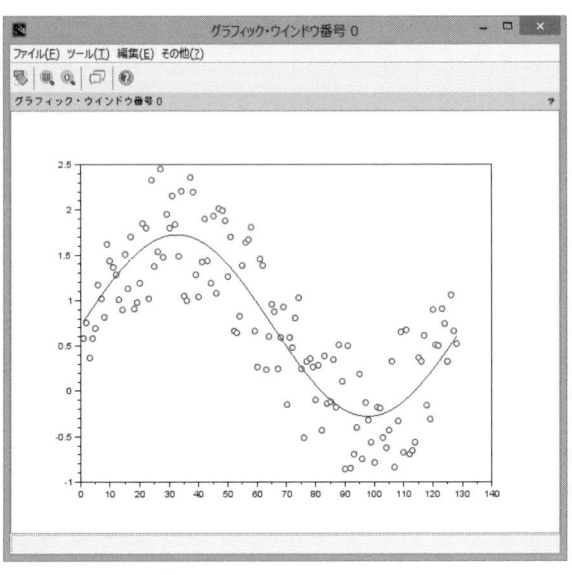

画面3.32　処理の進行過程

画面3.33　結果のプロット

コマンドラインから，

```
-->exec('datafit1.sce')
```

と入力します．**画面3.32**に示すように，Scilabのコンソールに処理の進行状況がプリントされます．

計算が終了すると，**画面3.33**に示すように，結果がプロットされます．

128個のデータに対して，サインカーブを当てはめました．

計算した係数は，

　a = 1.0033565
　b = 0.0482473
　c = 0.7206824

です．
誤差は，

　err = 23.172078

です．**画面3.33**を見ると，妥当なカーブフィッティングが行われたと判断できます．
　未定係数の初期値が，結果を左右すると述べました．
　初期値を変えて計算を行い，結果をチェックします．
　まず，p(1)の値を変えます．
　p(1)の初期値を1から40に変更します．

　p0 = [1;0.05;0.7]; → p0 = [40;0.05;0.7];

　p(2)とp(3)の初期値は同じ値です．変更しません．
　コマンドラインから，datafit1.sceをスタートします．
　画面3.33と，ほぼ同じ結果が得られます．
　誤差は，前回とまったく同じです．
　次に，p(1)の初期値を1から45に変更します．

　p0 = [1;0.05;0.7]; → p0 = [45;0.05;0.7];

　p(2)とp(3)の値は変更しません．
　コマンドラインからdatafit.sceをスタートします．
　グラフを**画面3.34**に示します．
　明らかに，data_fitは，極値（最小値ではないところ）で停止しています．

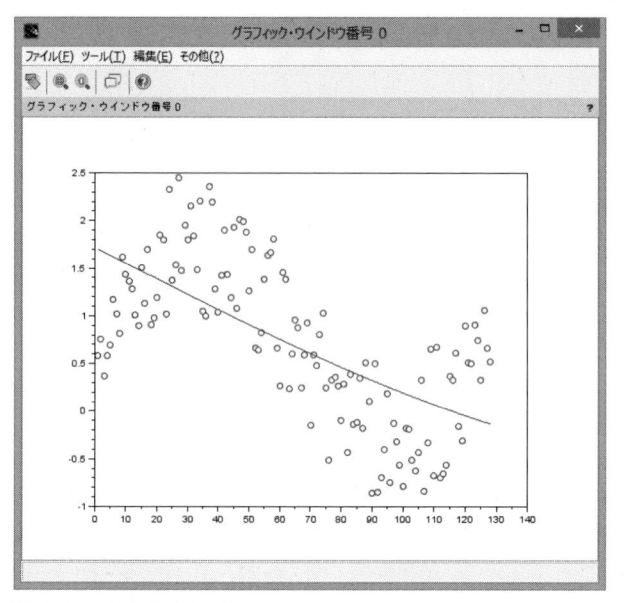

画面3.34　結果のプロット

誤差は，かなり大きく，

```
err = 51.295824
```

です．

```
p(1) = 47
```

にすると，驚いたことに再度，正解に近い結果を得ます．

しかし，p(1) = 48にすると，**画面3.35**に示すように，周期の短い波形に変わります．

今度は，p(1)の値をマイナス側に変えます．

```
p0 = [1;0.05;0.7];  →  p0 = [-0.1;0.05;0.7];
```

はOKです．

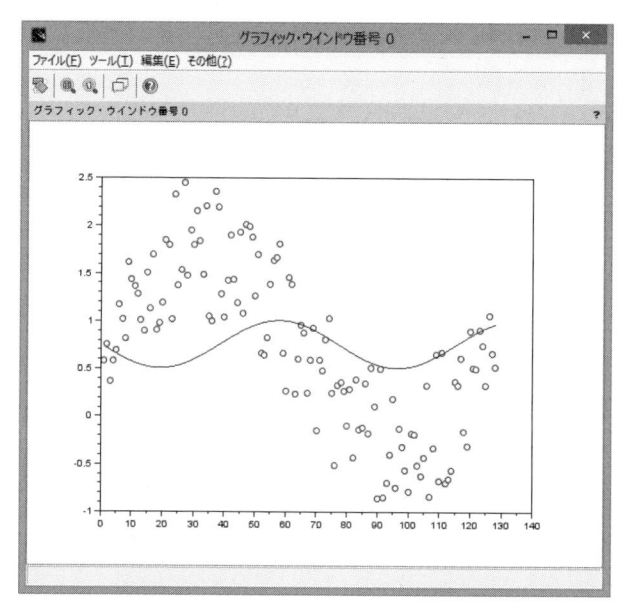

画面3.35　結果のプロット

p0 = [1;0.05;0.7]; → p0 = [−1;0.05;0.7];

はNGです．

p(2)とp(3)の初期値を正解に近い値に固定した状態で，p(1)の初期値を変えて，逐次近似を行いました．このような条件では，p(1)の許容値に，ある程度の幅があることを確認しました．

比較のために，3.4節において使用した2次関数，

$$y = ax^2 + bx + c$$

の未定係数 a, b, c を，最急降下法を使って計算します．

使用するデータは，64個とします．

SciNotesを開いて，**リスト3.4**のプログラムを記入します．

プログラムは，**リスト3.3**とほぼ同じです．

関数の計算式を，

リスト3.4 3.4節において使用した2次関数の未定係数を最急降下法を使って計算

```
function y=FF(x,p)
  y=p(1)*x^2+p(2)*x+p(3);
endfunction
X=[1:64];
g=Value(:,3)';
Y=g([1:64]);
Z=[Y;X];
function e=G(p, z)
  y=z(1)
  x=z(2)
  e=y-FF(x)
endfunction
p0=[-1;1;0.7];
[p,err]=datafit(G,Z,p0)
plot(Y,'bo');
plot(FF(X));
```

```
function y=FF(x,p)
  y=p(1)*x^2+p(2)*x+p(3);
endfunction
```

と変更しました．

名前を，

datafit2.sce

として保存します．

プログラムを実行します．

結果をプロットすると，**画面3.36**となります．

2次関数は，与えられたデータに対して，フィットしています．

画面3.36と**画面3.30**（最小2乗法による最適解）を比較してください．

得られた2次関数は同じではありません．微妙な違いがあります．

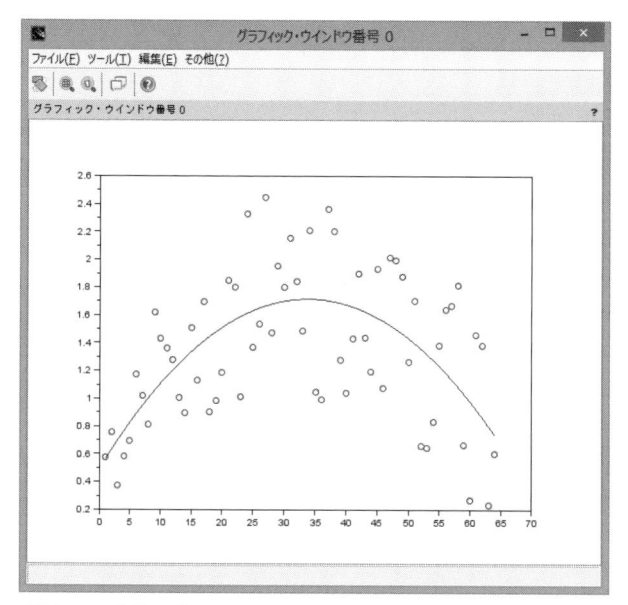

画面3.36　結果のプロット

3.7 ── ニュートン・ラフソン法

最急降下法を説明する際に，道に迷った人の例を使いました．

東西南北に手を伸ばして，一番低い所へ移動します．

この動作を繰り返して，関数の極値にたどり着きます．

このアルゴリズムを次のように修正します．

手を伸ばして高さを測るのではなくて，東西南北の勾配（傾斜，あるいは傾き）を測ります．

勾配が大きいということは，極値には遠い，ということです．

大きくジャンプします．

勾配が小さいときは，最終目標（極値）に近くなっています．

この際は，慎重に移動します．

関数の勾配を計算して，移動量を決定します．

このアルゴリズムを**ニュートン・ラフソン法**（Newton Raphson method）と呼びます．

図3.7 大きくジャンプ

勾配が大きいときは大きくジャンプ

図3.8 小さく移動

勾配が小さければ小さな移動

　アルゴリズムの詳細は，参考文献(3)の2.2ニュートン-ラフソン法(p.27以降)を参照してください．

　注意するところは，

> 使用する関数は，いたるところで微分可能でなければならない

という点です．

　この条件を満足する関数を，**解析関数**(analytic function)と言います．

　計算例を示します．

　3.5節において使用した(3.7)式(p.79)を使用します．

　(3.7)式を再掲すると，

$$y = a\sin(bx) + c \quad \cdots\cdots\cdots\cdots\cdots\cdots\cdots\cdots\cdots\cdots\cdots\cdots\cdots\cdots\cdots\cdots\cdots (3.7)$$

となります．

　a，b，cに関して微分すると，

リスト3.5　ニュートン・ラフソン法のプログラム

```
function y=FF(x,p)
  y=p(1)*sin(p(2)*x)+p(3);
endfunction
X=[1:128];
Y=Value(:,3)';
Z=[Y;X];
function e=G(p, z)
  y=z(1)
  x=z(2)
  e=y-FF(x)
endfunction
function s=DG(p,z)
    y=z(1)
    x=z(2)
    s=-[sin(p(2)*x),p(1)*cos(p(2)*x)*x,1]
endfunction
p0=[1;0.05;0.7];
[p,err]=datafit(G,DG,Z,p0)
plot(Y,'bo');
plot(FF(X));
```

$$\frac{\partial y}{\partial a} = \sin(bx)$$

$$\frac{\partial y}{\partial b} = a\cos(bx)x \quad\quad\quad\quad\quad\quad\quad\quad\quad\quad\quad\quad\quad\quad\quad (3.9)$$

$$\frac{\partial y}{\partial c} = 1$$

となります．

　(3.7)式は，いたるところで微係数が存在するので，解析関数です．

　それでは，ニュートン・ラフソン法を使って解を求めてみます．

　SciNotesを開いて，**リスト3.5**のプログラムを書きます．

　プログラムを記入して，名前を付けて保存します．

　　datafit3.sce

リスト3.6　タイマ値をプリントする関数

```
function y=FF(x,p)
  y=p(1)*sin(p(2)*x)+p(3);
endfunction
timer();
X=[1:128];
Y=Value(:,3)';
Z=[Y;X];
function e=G(p, z)
  y=z(1)
  x=z(2)
  e=y-FF(x,p)
endfunction
p0=[10;0.05;0.7];
[p,err]=datafit(G,Z,p0)
timer()
plot(Y,'bo');
plot(FF(X,p));
timer()
```

Scilabのコンソールから，

```
-->exec('datafit3.sce')
```

と入力して，プログラムをスタートします．

結果は勾配を使用しない場合（**画面3.36**）と，ほぼ同じです．

最急降下法とニュートン・ラフソン法の解において，両者の結果はほぼ同じ数値であることを確認しました．では，この二つの処理時間を計測します．

最急降下法によって作成したdatafit1.sceに対して，**リスト3.6**に示すように，タイマ値をプリントする関数を挿入します．

では，プログラムを実行します．

処理は，**画面3.37**に示すように進行します．

計算時間は，

0.734375

```
-->Z=[Y;X];

-->function e=G(p, z)
-->  y=z(1)
-->  x=z(2)
-->  e=y-FF(x,p)
-->endfunction
警告: 関数が再定義されています: G


-->p0=[10;0.05;0.7];

-->[p,err]=datafit(G,Z,p0)
 err =

    23.172078
 p  =

    1.0033565
    0.0482473
    0.7206824


-->timer()
 ans =

    0.734375

-->plot(Y,'bo');

-->plot(FF(X,p));

-->timer()
 ans =

    0.0625
```

画面3.37 処理の進行

グラフをプロットする時間は,

0.0625

です.

今度は,ニュートン・ラフソン法を使います.

リスト3.7にタイマを使うプログラムを示します.

では,プログラムを実行してみます.

リスト3.7　ニュートン・ラフソン法での計算時間を測定するプログラム

```
function y=FF(x,p)
  y=p(1)*sin(p(2)*x)+p(3);
endfunction
timer();
X=[1:128];
Y=Value(:,3)';
Z=[Y;X];
function e=G(p, z)
  y=z(1)
  x=z(2)
  e=y-FF(x)
endfunction
function s=DG(p,z)
   y=z(1)
   x=z(2)
   s=-[sin(p(2)*x),p(1)*cos(p(2)*x)*x,1]
endfunction
p0=[10;0.05;0.7];
[p,err]=datafit(G,DG,Z,p0)
timer()
plot(Y,'bo');
plot(FF(X));
timer()
```

計算時間は，

0.203125

グラフをプロットする時間は，

0.0625

です．
　両者を比較すると，処理時間は，

0.734375 → 0.203125

およそ，$\frac{1}{4}$ に激減しました．

グラフをプロットする時間の変化はありません．

解析関数に対して，ニュートン・ラフソン法を適用することによって，処理時間を短縮できることを示しました．

第4章
フーリエ解析

4.1 はじめに

フーリエ解析(Fourier analysis)によって,波形を周波数に分離するアルゴリズムを述べます.

4.2 最小2乗法

家を建てるときに,まず,コンクリートを流し込んで基礎を作ります.
フーリエ解析の基礎は,最小2乗法です.
最小2乗法に関しては,第3章において述べました.
ここでは,最小2乗法を深く掘り下げて,その上にフーリエ解析というビルを建築します.
最初に,小さなサンプルを使って,最小2乗法のアウトラインを示します.
いま,時刻x_jにおける変量y_jを測定します.測定は,n回実施しました.

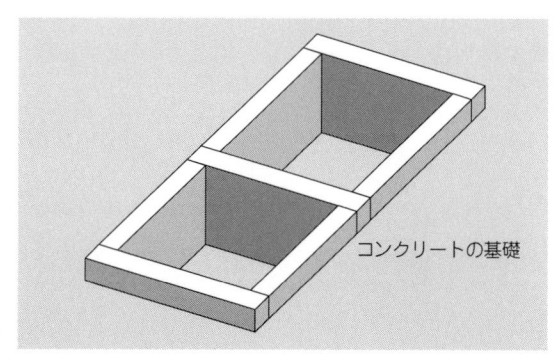

図4.1
基礎を作る

時刻と変量のペアを，

$$(x_j, y_j) \quad (j=1,2,...,n) \quad \cdots\cdots\cdots\cdots\cdots\cdots\cdots\cdots\cdots\cdots\cdots\cdots (4.1)$$

と書き，以下，観測データと呼びます．

最小2乗法は，観測データに対して，特定の関数を当てはめます．

3.5節（p.78）において，計測データに対して，関数，

$$y = ax^2 + bx + c \quad \cdots\cdots\cdots\cdots\cdots\cdots\cdots\cdots\cdots\cdots\cdots\cdots (4.2)$$

を当てはめました．

この関数をここでも取り上げます．

(4.1)式に，最小2乗法を適用して，未定係数 a, b, c を計算すると，(3.5)式（p.78）になりました．

(3.5)式を再記すると，

$$\begin{bmatrix} a \\ b \\ c \end{bmatrix} = \begin{bmatrix} \sum x^4 & \sum x^3 & \sum x^2 \\ \sum x^3 & \sum x^2 & \sum x \\ \sum x^2 & \sum x & n \end{bmatrix}^{-1} \begin{bmatrix} \sum yx^2 \\ \sum yx \\ \sum y \end{bmatrix} \quad \cdots\cdots\cdots\cdots (3.5)$$

となります．

まず，右辺の第1項の行列に注目します．

この行列を抜き出すと，

$$\begin{bmatrix} \sum x^4 & \sum x^3 & \sum x^2 \\ \sum x^3 & \sum x^2 & \sum x \\ \sum x^2 & \sum x & n \end{bmatrix}$$

となります．

この行列を書き換えると,

$$\begin{bmatrix} \sum x^2 x^2 & \sum x^2 x^1 & \sum x^2 x^0 \\ \sum x^2 x^1 & \sum x^1 x^1 & \sum x^1 x^0 \\ \sum x^2 x^0 & \sum x^1 x^0 & \sum x^0 x^0 \end{bmatrix} \quad \cdots\cdots (4.3)$$

となります.

対比を明確にするために,

$$1 = x_0$$
$$n = \sum 1 \times 1 = \sum x^0 x^0$$

としました.

ここで,

$$f_1 = x^2$$
$$f_2 = x \quad \cdots\cdots (4.4)$$
$$f_3 = 1$$

と置くと, (4.1)式は,

$$y = af_1 + bf_2 + cf_3 \quad \cdots\cdots (4.5)$$

となります.

(4.4)式を使って, (4.3)式の係数行列を書き換えると,

$$\begin{bmatrix} \sum f_1 f_1 & \sum f_1 f_2 & \sum f_1 f_3 \\ \sum f_2 f_1 & \sum f_2 f_2 & \sum f_2 f_3 \\ \sum f_3 f_1 & \sum f_3 f_2 & \sum f_3 f_3 \end{bmatrix} \quad \cdots\cdots (4.6)$$

となります.

　(4.6)式を見てください.

　係数行列の各要素は,(4.1)式において使った関数の積和(product sum)です.

　ここが,最重要のポイントです.

　前節の議論を一般化します.

　(4.1)式を一般化すると,

$$y_j = a_1 f_1(x_j) + a_2 f_2(x_j) + \cdots + a_m f_m(x_j) \quad (j=1,2,\ldots,n) \quad \cdots\cdots (4.7)$$

となります.

　ここで,$a_i\,(i=1,2,\ldots,m)$はラグランジェ未定係数,f_iは時刻xの関数,nは観測データの個数です.

　(4.7)式の右辺をまとめると,

$$y_j = \sum_{i=1}^{m} a_i f_i(x_j) \quad (j=1,2,\ldots,n) \quad \cdots\cdots (4.8)$$

となります.

　最小2乗法において,評価関数は,

$$Q = \sum_{j=1}^{n} \left(y_j - \sum_{i=1}^{m} a_i f_i(x_j) \right)^2 \quad \cdots\cdots (4.9)$$

と置きます.

　(4.9)式を,a_kで偏微分して0と置くと,

$$\frac{\partial Q}{\partial a_k} = 2 \sum_{j=1}^{n} \left(y_j - \sum_{i=1}^{m} a_i f_i(x_j) \right)(-f_k(x_j)) = 0 \quad (k=1,2,\ldots,m) \quad \cdots\cdots (4.10)$$

となります.

　(4.10)式を2で割り,整理すると,

$$-\sum_{j=1}^{n} y_j f_k(x_j) + \sum_{j=1}^{n}\sum_{i=1}^{m} a_i f_i(x_j) f_k(x_j) = 0 \quad (k=1,2,...,m)$$

あるいは，移行して，

$$\sum_{j=1}^{n}\sum_{i=1}^{m} a_i f_i(x_j) f_k(x_j) = \sum_{j=1}^{n} y_j f_k(x_j) \quad (k=1,2,...,m)$$

となります．

行列に展開すると，

$$\begin{bmatrix} \sum f_1 f_1 & \sum f_1 f_2 & \cdots & \sum f_1 f_m \\ \sum f_2 f_1 & \sum f_2 f_2 & \cdots & \sum f_2 f_m \\ & \cdots & & \\ & \cdots & & \\ \sum f_m f_1 & \sum f_m f_2 & \cdots & \sum f_m f_m \end{bmatrix} \begin{bmatrix} a_1 \\ a_2 \\ . \\ . \\ . \\ a_m \end{bmatrix} = \begin{bmatrix} \sum f_1 y \\ \sum f_2 y \\ . \\ . \\ . \\ \sum f_m y \end{bmatrix} \quad \cdots\cdots\cdots (4.11)$$

となります．

(4.11)式の左辺の係数行列は，

$$\begin{bmatrix} \sum f_1 f_1 & \sum f_1 f_2 & \cdots & \sum f_1 f_m \\ \sum f_2 f_1 & \sum f_2 f_2 & \cdots & \sum f_2 f_m \\ & \cdots & & \\ \sum f_m f_1 & \sum f_m f_2 & \cdots & \sum f_m f_m \end{bmatrix} \quad \cdots\cdots\cdots (4.12)$$

となります．

さてそこで，すべてのkに関して，

$$\sum_{j=1}^{n} f_k(x_j) f_k(x_j) = 1 \quad (k=1,2,...,m) \quad \cdots\cdots\cdots (4.13)$$

かつ，すべての $k, l (k \neq l)$ に関して，

$$\sum_{j=1}^{n} f_k(x_j) f_l(x_j) = 0 \quad (k, j = 1, 2, \ldots, m \quad k \neq j) \cdots\cdots\cdots\cdots\cdots (4.14)$$

が成立するならば，(4.12)式の係数行列は，単位行列(identity matrix)，

$$\begin{bmatrix} 1 & 0 & 0 & \cdots & 0 \\ 0 & 1 & 0 & \cdots & 0 \\ & & \cdots & & \\ & & \cdots & & \\ 0 & & \cdots\cdots & 0 & 1 \end{bmatrix}$$

になります。

(4.13)式，(4.14)式が成立するとき，

f は，互いに直交(orthogonal)する

と言います。

単位行列の逆行列(inverse matrix)は，単位行列です．行列に単位行列を掛けても，変化はありません．

したがって，(4.11)式は，

$$\begin{bmatrix} a_1 \\ a_2 \\ . \\ . \\ . \\ a_m \end{bmatrix} = \begin{bmatrix} \sum_{j=1}^{n} y_j f_1(x_j) \\ \sum_{j=1}^{n} y_j f_2(x_j) \\ . \\ . \\ . \\ \sum_{j=1}^{n} y_j f_m(x_j) \end{bmatrix} \cdots\cdots\cdots\cdots\cdots\cdots\cdots\cdots\cdots\cdots\cdots\cdots (4.15)$$

となります.

(4.17)式の右辺を行列に展開すると,

$$\begin{bmatrix} a_1 \\ a_2 \\ \cdot \\ \cdot \\ \cdot \\ a_m \end{bmatrix} = \begin{bmatrix} f_1(x_1) f_1(x_2) \cdots f_1(x_n) \\ f_2(x_1) f_2(x_2) \cdots f_2(x_n) \\ \cdots \\ \cdots \\ \cdots \\ f_m(x_1) f_m(x_2) \cdots f_m(x_n) \end{bmatrix} \begin{bmatrix} y_1 \\ y_2 \\ \cdot \\ \cdot \\ \cdot \\ y_n \end{bmatrix} \quad \cdots \cdots (4.16)$$

となります.

ここで,係数行列はm行n列の行列,

$$\begin{bmatrix} f_1(x_1) f_1(x_2) \cdots f_1(x_n) \\ f_2(x_1) f_2(x_2) \cdots f_2(x_n) \\ \cdots \\ \cdots \\ \cdots \\ f_m(x_1) f_m(x_2) \cdots f_m(x_n) \end{bmatrix} \quad \cdots \cdots (4.17)$$

です.

ここまでの議論をまとめると,

> 観測データに当てはめる関数yは,xの関数fの和であり,
> かつ,関数fが正規直交条件を満足すれば
> ラグランジェ未定係数は,yとfの積和演算によって求めることができる

となります.

一つのスケッチを**図4.2**に示します.

Aさんは,砂の山を篩にかけて分類しています.

ここでは,それぞれを次のように置き換えて考えるとわかりやすいでしょう.

観測データ
y

f

a

図4.2 砂と篩

砂の山　　　＝観測データ y
篩　　　　　＝関数 f
分類された砂＝係数 a

Aさんは，観測データ y を篩 f にかけて，係数 a を算出しました．
ここで重要なのは，(4.11) 式に示したように，

未定係数 a は，y と f の積和演算によって計算できる

という点です．
　図4.2 において篩にかける作業は，数学の世界においては f と y の積和演算に対応します．
　関数 f を一つのパターンと考えます．
　観測データに対して，このパターンを掛けて総和を計算すると，観測データのなかに，そのパターンがどの程度含まれているか，その比率を知ることができます．
　観測データ y の個数 n と関数 m の数が同じならば，

$n = m$

図4.3
逆変換

未定係数 a　　逆行列 $^{-1}$　　➡　　観測データ y

n 個の観測データ y から，n 個の未定係数 a が決まります．

(4.12) 式の行列は，**対称行列** (symmetric matrix) です．

正規直交行列の**行列式** (determinant) は，0 ではありません．

このため，正規直交行列の逆行列は，必ず存在します．これを**存在定理**と言います．

正規直交行列の逆行列は，**転置行列** (transposed matrix) です．

算出した未定係数に転置行列を掛けると，観測データが復元できます．

これを，**逆変換** (inverse transform) と言います．

重要なポイントは，ここです．

図4.2を見てください．

Aさんは，篩を使って砂の山を整理しました．

結果としてできた山は，使用する篩によって決まります．

砂の山は同じでも，篩が異なれば結果は異なります．

Aさんの篩は，f です．

f は，関数のセットです．

計測データの数が1000個ならば，f は同じ数の1000個が必要です．

データが100万個あれば，f は100万個が必要です．

しかも f は，正規直交条件を満足しなければいけません．

焦点は，このような厳しい条件を満足する

f を作る

というところに，絞られます．

4.3 —— スタート

関数 f を作る際に，個別に考えたのでは目的を達成することはできません．

観測データが100万個あれば，100万個の f が必要です．

図4.4
波の形

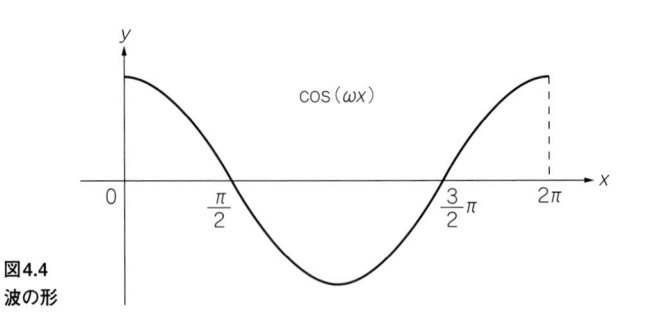

手作りは，不可能です．
何らかの規則を作り，その規則に基づいて関数 f を構成します．
フーリエは，関数 f として余弦波 cos を採用することを考えました．
数式で書くと，

$$y = a\cos(\varpi x + \theta) \quad \cdots\cdots\cdots\cdots\cdots\cdots\cdots\cdots\cdots\cdots\cdots\cdots\cdots\cdots (4.18)$$

となります．
ここで，a は振幅（amplitude），ϖ は角速度（angular velocity），θ は位相（phase）です．
a の単位は，波の高さの単位，例えばメートル，ϖ の単位は，ラジアン/秒，θ の単位は，ラジアンです．

> **注意** ラジアン（radian）は，角度の単位です．記号では，rad と書きます．1 ラジアンは，角度で言うと，およそ 60°程度，正確には $\dfrac{180}{\pi}$ です．

(4.18)式において，ラグランジェの未定係数は，

a と θ

です．
(4.18)式は，cos の括弧のなかに未定係数 θ が入っているので，(4.6)式の要求条件，

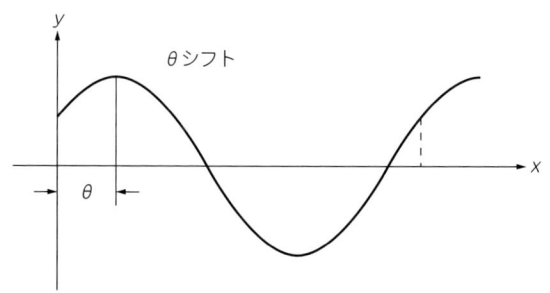

図 4.5
cos の平行移動

> 関数 f は，未定係数を含まない

を満足しません．

　前節の理論を適用するためには，cos の括弧のなかには未定係数を入れることはできません．

　しかし，一方で，(4.18)式から位相 θ を除くと，関数を x 軸に関してシフトすることができません．

　フーリエは，大きな壁にぶち当たります．

　フーリエは，考えます．

　そして，問題を解決します．

　フーリエは，二つの関数，

$$a\cos(\varpi x)$$
$$b\sin(\varpi x)$$

を組み合わせることによって，波の遅れ，すなわち，位相を表現できることを発見したのです．

　すなわち，未定係数は，

> a と θ

ではなくて，

図4.6
2種類の篩

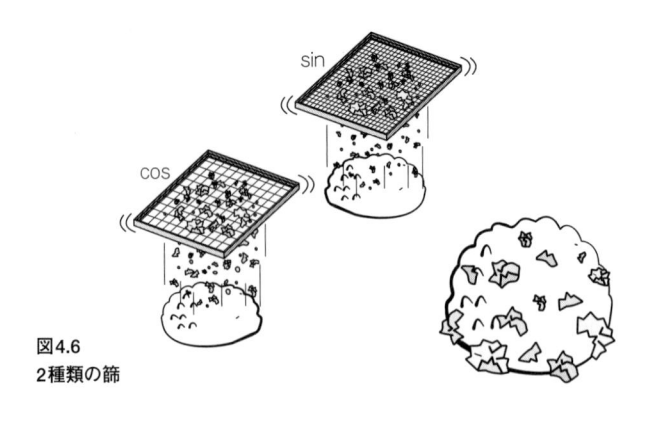

a と b

になります.

二つの関数 sin と cos を使うので，2種類の篩を使い分けることになります．

(4.6) 式は，2式に分かれて，

$$y_j = a_1 \cos(\varpi_1 x_j) + a_2 \cos(\varpi_2 x_j) + ... + a_m \cos(\varpi_m x_j) \quad \cdots\cdots (4.19)$$
$$y_j = b_1 \sin(\varpi_1 x_j) + b_2 \sin(\varpi_2 x_j) + ... + b_m \sin(\varpi_m x_j) \quad \cdots\cdots (4.20)$$
$$(j=1,2,...,n)$$

となります．

シグマ記号を使うと

$$y_j = \sum_{i=1}^{m} a_i \cos(\varpi_i x_j) \quad \cdots\cdots (4.21)$$
$$y_j = \sum_{i=1}^{m} b_i \sin(\varpi_i x_j) \quad \cdots\cdots (4.22)$$
$$(j=1,2,...,n)$$

となります．

さて，(4.14)，(4.15) 式において，関数 f は

図4.7 n個の波

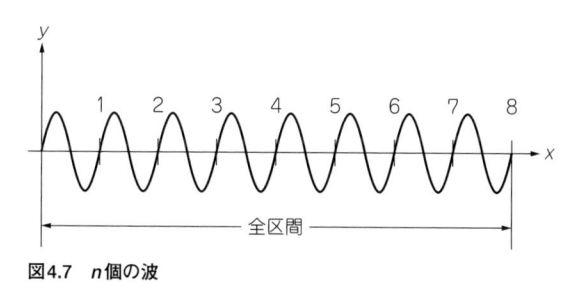

$\cos(\varpi_i x_j)$ と $\sin(\varpi_i x_j)$

です.

関数 f は，正規直交条件を満足する必要があります.

ϖ は，データを採取した時刻です．これをコントロールすることはできません．

問題は，ϖをどのように設定するか，あるいは，物理的に言うと，どのような波を用意するか，ここに集約されます．

問題を複雑化しないために，データは等間隔で，n回測定するとします．

すなわち，

$x = 1, 2, \ldots, n$

とします．時間の単位は，秒であっても，時間であっても関係はありません．等間隔ならばOKです．

波の作り方を述べます．

図4.7に示すように，全時間区間に対してn個の波を置きます．

この場合の角速度は，

$\varpi = 2\pi$

です.

次に，$n-1$個の波を置きます．

この場合の角速度は，

$$\varpi = 2\pi \frac{n-1}{n}$$

です.

以下は，同様に議論を進めます.

最後は，全時間区間に対して1個の波を置きます.

このときの角速度は，

$$\varpi = 2\pi \frac{1}{n}$$

です.

まとめると，角速度は，

$$\varpi = 2\pi \frac{n-i+1}{n} \quad (j=1,2,\ldots,n) \quad \cdots\cdots\cdots\cdots\cdots (4.23)$$

となります.

波の角速度ϖを(4.23)式とすると，関数fは直交条件を満足します.

この証明を行うためには，数学的なテクニックが必要です.

本書では，この証明は省きます．興味のある人は，別の参考書を参照してください．

関数fは，「直交条件を満足する」と言いました．

関数fは，「正規直交条件を満足する」とは言っていません．

実際に計算すると，係数行列は，

$$\begin{bmatrix} m & 0 & 0 & \cdots & 0 \\ 0 & m & 0 & \cdots & 0 \\ & & \cdots & & \\ & & \cdots & & \\ 0 & \cdots & & 0 & m \end{bmatrix}$$

あるいは，

$$m\begin{bmatrix} 1 & 0 & 0 & \cdots & 0 \\ 0 & 1 & 0 & \cdots & 0 \\ & & \cdots & & \\ & & \cdots & & \\ 0 & \cdots & & 0 & 1 \end{bmatrix}$$

となります．

この証明も省略します．

数学に強い人は，挑戦してください．

(4.21)式に，最小二乗法を適用して，未定係数aを計算します．(4.22)式から，未定係数bを計算します．

結果は，aに関しては，

$$\begin{bmatrix} a_1 \\ a_2 \\ \cdot \\ \cdot \\ \cdot \\ a_m \end{bmatrix} = \frac{1}{n} \begin{bmatrix} \cos(\varpi_1 x_1) & \cos(\varpi_1 x_2) & \cdots & \cos(\varpi_1 x_n) \\ \cos(\varpi_2 x_1) & \cos(\varpi_2 x_2) & \cdots & \cos(\varpi_2 x_n) \\ & \cdots & & \\ & \cdots & & \\ & \cdots & & \\ \cos(\varpi_m x_1) & \cos(\varpi_m x_2) & \cdots & \cos(\varpi_m x_n) \end{bmatrix} \begin{bmatrix} y_1 \\ y_2 \\ \cdot \\ \cdot \\ \cdot \\ y_n \end{bmatrix} \quad \cdots (4.24)$$

となり，bに関しては，

$$\begin{bmatrix} b_1 \\ b_2 \\ \cdot \\ \cdot \\ \cdot \\ b_m \end{bmatrix} = \frac{1}{n} \begin{bmatrix} \sin(\varpi_1 x_1) & \sin(\varpi_1 x_2) & \cdots & \sin(\varpi_1 x_n) \\ \sin(\varpi_2 x_1) & \sin(\varpi_2 x_2) & \cdots & \sin(\varpi_2 x_n) \\ & \cdots & & \\ & \cdots & & \\ & \cdots & & \\ \sin(\varpi_m x_1) & \sin(\varpi_m x_2) & \cdots & \sin(\varpi_m x_n) \end{bmatrix} \begin{bmatrix} y_1 \\ y_2 \\ \cdot \\ \cdot \\ \cdot \\ y_n \end{bmatrix} \quad \cdots (4.25)$$

となります.

　もし，$n=m$ならば（すなわち，計測したデータの数と同じ数の係数を計算するとすれば），(4.24)式，および(4.25)式は，

$$\begin{bmatrix} a_1 \\ a_2 \\ \cdot \\ \cdot \\ \cdot \\ a_n \end{bmatrix} = \frac{1}{n} \begin{bmatrix} \cos(\varpi_1 x_1) & \cos(\varpi_1 x_2) & \cdots & \cos(\varpi_1 x_n) \\ \cos(\varpi_2 x_1) & \cos(\varpi_2 x_2) & \cdots & \cos(\varpi_2 x_n) \\ & & \cdots & \\ & & \cdots & \\ & & \cdots & \\ \cos(\varpi_n x_1) & \cos(\varpi_n x_2) & \cdots & \cos(\varpi_n x_n) \end{bmatrix} \begin{bmatrix} y_1 \\ y_2 \\ \cdot \\ \cdot \\ \cdot \\ y_n \end{bmatrix} \quad \cdots\cdots (4.26)$$

および，

$$\begin{bmatrix} b_1 \\ b_2 \\ \cdot \\ \cdot \\ \cdot \\ b_n \end{bmatrix} = \frac{1}{n} \begin{bmatrix} \sin(\varpi_1 x_1) & \sin(\varpi_1 x_2) & \cdots & \sin(\varpi_1 x_n) \\ \sin(\varpi_2 x_1) & \sin(\varpi_2 x_2) & \cdots & \sin(\varpi_2 x_n) \\ & & \cdots & \\ & & \cdots & \\ & & \cdots & \\ \sin(\varpi_n x_1) & \sin(\varpi_n x_2) & \cdots & \sin(\varpi_n x_n) \end{bmatrix} \begin{bmatrix} y_1 \\ y_2 \\ \cdot \\ \cdot \\ \cdot \\ y_n \end{bmatrix} \quad \cdots\cdots (4.27)$$

となります.

　(4.26)，(4.27)式は，フーリエ変換の基礎式です．

4.4 ── 追跡

　フーリエ変換の基礎式として，(4.26)式と(4.27)式を導きました．
　これらの基礎式の構造を理解するために，小さなサンプルを作って，紙上で計算を進めます．
　まず，データの数は4個，

$$n = 4$$

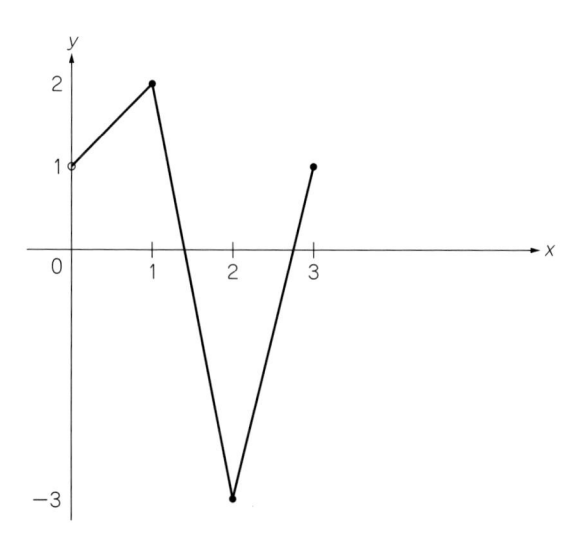

図4.8
データのプロット

とします.

計測を実施した時刻 x は, 等間隔,

$$x = \{0, 1, 2, 3\}$$

とします.

計測したデータ y は4個,

$$y = \{1, 2, -3, 1\}$$

です.

データをグラフへプロットすると, **図4.8**のようになります.

変換マトリックスを作ります.

まず, cosのマトリックス, つまり (4.21) 式の右辺の第1項を作ります.

マトリックスの第1行は, **図4.9**に示すように, 時間区間いっぱいに4個のcosを入れて, 4等分して, 各点の値を記入します.

第1行の要素は,

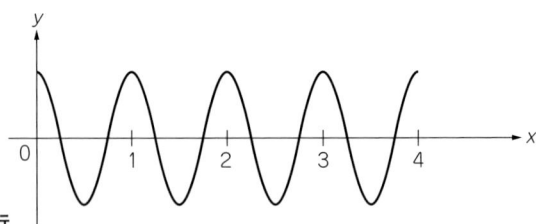

図4.9
マトリックスの第1行

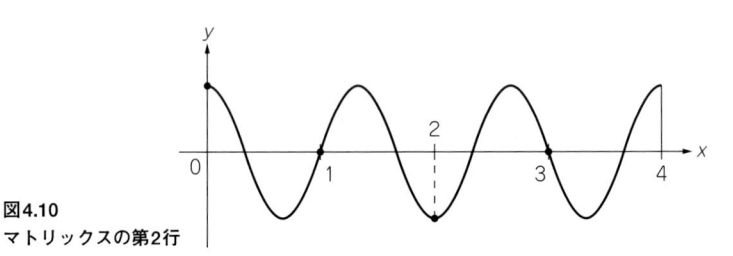

図4.10
マトリックスの第2行

```
1, 1, 1, 1
```

です．

マトリックスの第2行は，**図4.10**に示すように，時間区間いっぱいに3個のcosを入れて，4等分して，各点の値を記入します．

第2行の要素は，

```
1, 0, -1, 0
```

です．

マトリックスの第3行は，**図4.11**に示すように，時間区間いっぱいに，2個のcosを入れて，4等分して，各点の値を記入します．

第3行の要素は，

```
1, -1, 1, -1
```

です．

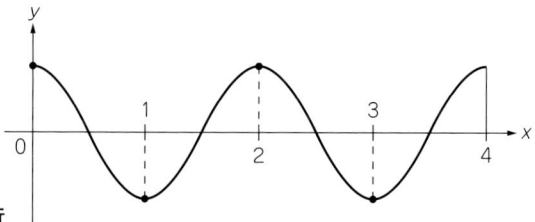

図4.11
マトリックスの第3行

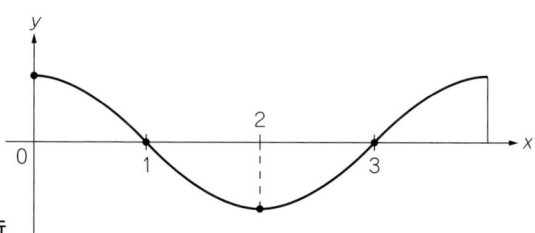

図4.12
マトリックスの第4行

マトリックスの第4行は，**図4.12**に示すように，時間区間いっぱいに1個のcosを入れて4等分して，各点の値を記入します．

第4行の要素は，

```
1, 0, -1, 0
```

となります．

マトリックスとしてまとめると，(4.18)式のマトリックスは，

$$\begin{bmatrix} 1 & 1 & 1 & 1 \\ 1 & 0 & -1 & 0 \\ 1 & -1 & 1 & -1 \\ 1 & 0 & -1 & 0 \end{bmatrix}$$

となります．

マトリックスができたので，係数aを計算します．

計算式は，

$$\begin{bmatrix} a_1 \\ a_2 \\ a_3 \\ a_4 \end{bmatrix} = \frac{1}{4} \begin{bmatrix} 1 & 1 & 1 & 1 \\ 1 & 0 & -1 & 0 \\ 1 & -1 & 1 & -1 \\ 1 & 0 & -1 & 0 \end{bmatrix} \begin{bmatrix} 1 \\ 2 \\ -3 \\ 1 \end{bmatrix}$$

となります.

実際に計算を進めると,

$$a_1 = \frac{1}{4}$$

$$a_2 = 1$$

$$a_1 = -\frac{5}{4}$$

$$a_4 = 1$$

となります.

これらの係数を(4.14)式に代入すると,cosの式は,

$$y_{\cos} = \frac{1}{4}\cos(2\pi x) + \cos(\frac{3}{2}\pi x) - \frac{5}{4}\cos(\pi x) + \cos(\frac{1}{2}\pi x) \quad \cdots\cdots\cdots\cdots (4.28)$$

となります.

続いて,sinに関して同様に計算を進めると,bを計算するマトリックスは,

$$\begin{bmatrix} b_1 \\ b_2 \\ b_3 \\ b_4 \end{bmatrix} = \frac{1}{4} \begin{bmatrix} 0 & 0 & 0 & 0 \\ 0 & -1 & 0 & 1 \\ 0 & 0 & 0 & 0 \\ 0 & 1 & 0 & -1 \end{bmatrix} \begin{bmatrix} 1 \\ 2 \\ -3 \\ 1 \end{bmatrix}$$

となります.

実際に計算を進めると，

$$b_1 = 0$$
$$b_2 = -\frac{1}{4}$$
$$b_3 = 0$$
$$b_4 = \frac{1}{4}$$

となります．

これらの係数を (4.15) 式に代入すると，sin の式は，

$$y_{\sin} = -\frac{1}{4}\sin\left(\frac{3}{2}\pi x\right) + \frac{1}{4}\sin\left(\frac{1}{2}\pi x\right) \quad \cdots\cdots\cdots\cdots\cdots\cdots\cdots\cdots\cdots (4.29)$$

となります．

以上，観測データ4個を与えて，フーリエ係数を具体的に計算しました．

4.5 ── 解釈

計測データに対してフーリエ変換を適用すると，cos の係数 a と sin の係数 b が得られます．

ところで，手に入れた a と b は，何？

ここのところがわからなければ，そもそもフーリエ変換を行う意味はありません．

このポイントを説明しましょう．

フーリエが，cos と sin という二つの関数を採用した動機は，すでに述べた通り，

計測データに対して，波のパターンを適用する

これが動機です．

さらに説明を続けるには，この原点に戻る必要があります．

図 4.13
波形のパラメータ

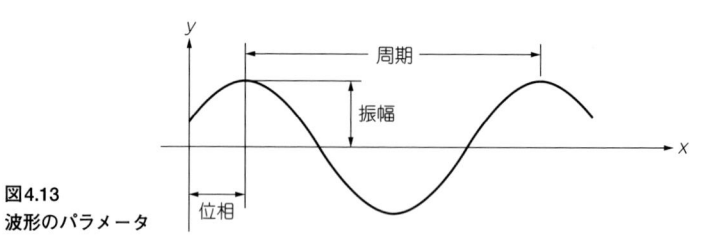

波を表現する三つのパラメータは，

> 波の高さ（振幅）
> 波の繰り返し（周期）
> 波の遅れ（位相）

です．
　この三つのパラメータのなかに，時間という変数はありません．
　フーリエ変換は，時間軸のデータを時間とは無関係の世界へ移します．
　それはそれでよいのですが，われわれの世界は時間軸にそって動きます．
　フーリエ変換によって求めた係数 a, b を時間の世界へ戻してみましょう．
　この計算を行うために，**複素数**（complex number）を使います．
　まず，複素数の説明をします．
　複素数という新しい数を導入するので，これまで使用した 1，2，… などと区別をはっきりするために，**実数**（real number）と呼びます．
　a, b を二つの実数とします．
　ここで，一つの複素数 c を，

$$c = a + ib \quad\quad (4.30)$$

と定義します．
　ここで，

$$i = \sqrt{-1} \quad\quad (4.31)$$

図4.14
複素数の場所

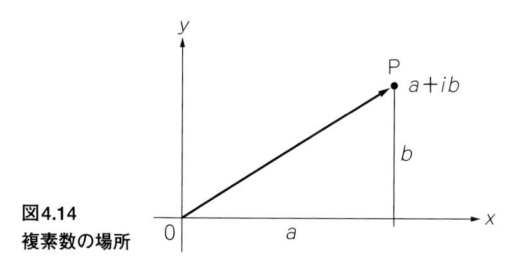

として，これを**虚数単位**(imaginary unit)と呼びます．

2乗すると-1になる数とは，何？

などと考えても意味がありません．

虚数単位は，$+$の記号などと同じ数学における記号です．

さてそこで，フーリエ変換のa, bへ戻ります．

a, bの一つのペアを，2次元座標上にプロットすると，**図4.14**に示すように，1個の点になります．

この点をPと書きます．

点Pの横軸の値はa，縦軸の値はbです．

原点から，点Pに向けて，直線$\overrightarrow{op}$を引き，先頭に矢印を付けます．

これをベクトル(vector)と呼びます．

複素数は，ベクトルを一つの数値として表現したものです．

ベクトル$\overrightarrow{op}$は，複素数表現では，

$$\overrightarrow{op} = a + ib$$

となります．

ベクトル$\overrightarrow{op}$の長さは，

$$l = \sqrt{(a+ib)(a-ib)} = \sqrt{a^2 + b^2} \quad \cdots\cdots (4.32)$$

です．

a, bから，(4.32)式を使って，lを計算すると，

> その周波数 ϖ における振幅（波の高さ）

が求まります。

とくに、(4.27)式の2乗、

$$l^2 = a^2 + b^2 \quad\quad\quad\quad\quad\quad\quad\quad (4.33)$$

を周波数 ϖ における**パワー**（power）と呼びます。

ベクトル $\overrightarrow{op}$ の傾きは、

$$\theta = \tan^{-1} \frac{b}{a} \quad\quad\quad\quad\quad\quad\quad\quad (4.34)$$

です。

a, b から、(4.34)式を使って θ を計算すると、

> その周波数 ϖ における位相（波の遅れ）

が求まります。

波の遅れは、計測を開始した時刻に依存します。
一般に、計測を開始した時間は重要な意味を持ちません。
この理由で、フーリエ解析の結果は、多くの場合、

> 周波数に対して、パワーをプロットする

ことになります。

複素数を使って(4.21)式と(4.22)式をまとめると、一つの式、

$$\begin{aligned} y_j = &\, a_1 \cos(\varpi_1 x_j) + a_2 \cos(\varpi_2 x_j) + \ldots + a_n \cos(\varpi_n x_j) \\ &- ib_1 \sin(\varpi_1 x_j) - ib_2 \sin(\varpi_2 x_j) - \ldots - ib_n \sin(\varpi_n x_j) \end{aligned} \quad (4.35)$$

が得られます．

総和の記号を使うと，

$$y_j = \sum_{k=1}^{n} (a_k \cos(\varpi_k x_j) - i b_k \sin(\varpi_k x_j)) \quad \cdots\cdots\cdots\cdots\cdots\cdots\cdots\cdots\cdots\cdots (4.36)$$

となります．

前節で行った小さなサンプルに，複素数の議論を適用します．

変換行列を合成すると，

$$\frac{1}{4}\begin{bmatrix} 1 & 1 & 1 & 1 \\ 1 & 0 & -1 & 0 \\ 1 & -1 & 1 & -1 \\ 1 & 0 & -1 & 0 \end{bmatrix} + i\frac{1}{4}\begin{bmatrix} 0 & 0 & 0 & 0 \\ 0 & -1 & 0 & 1 \\ 0 & 0 & 0 & 0 \\ 0 & 1 & 0 & -1 \end{bmatrix} = \frac{1}{4}\begin{bmatrix} 1 & 1 & 1 & 1 \\ 1 & -i & -1 & i \\ 1 & -1 & 1 & -1 \\ 1 & i & -1 & -i \end{bmatrix}$$

となります．

各行のノルムを求めると，

$$\frac{1}{4}(1^2+1^2+1^2+1^2) = 4$$
$$1^2+(-i\times i)+(-1)^2+i\times(-i) = 1-(-1)+1-(-1) = 4$$
$$1^2+(-1)^2+1^2+(-1)^2 = 4$$
$$1^2+i\times(-i)+(-1)^2+(-i\times i) = 1-(-1)+1-(-1) = 4$$

となります．

各行のノルムは，1ではないけれども，各行の値は定数4なので，変換行列をデータの個数4で割れば，結果は1になります．

変換行列は，**正規**という条件を満足しています．

第1行と第2行の積和を計算すると，

$$1\times 1 + 1\times(-i) + 1\times(-1) + 1\times i = 1 - i - 1 + i = 0$$

となります．

第1行と第3行の積和は，

$$1\times1+1\times(-1)+1\times1+1\times(-1)=1-1+1-1=0$$

です．

…

…

第3行と第4行の積和は，

$$1\times1+(-1)+i+1\times(-1)+(-1)\times(-i)=1-i-1\times i=0$$

です．

変換行列は，**直交**という条件を満足しています．

よって，変換行列は，正規直交行列です．

与えられたデータに，変換行列を掛けると

$$\begin{bmatrix} 1 & 1 & 1 & 1 \\ 1 & -i & -1 & i \\ 1 & -1 & 1 & -1 \\ 1 & i & -1 & -i \end{bmatrix}\begin{bmatrix} 1 \\ 2 \\ -3 \\ 1 \end{bmatrix}=\begin{bmatrix} 1 \\ 4-i \\ -5 \\ 4-i \end{bmatrix} \quad\cdots\cdots(4.37)$$

となるので，前節において計算した結果と一致します．

4.6 ── FFT

フーリエ変換の計算を行う際に，関数 $\sin$，$\cos$ を使います．

いま，仮に，データの数を8個とします．

図4.15に，計算が必要な場所を示しました．

図から明らかなように，$\sin$ と $\cos$ の値は，

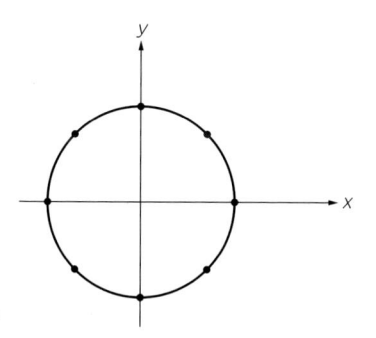

図4.15
計算する場所

$$0, \quad 1, \quad \pm\frac{1}{\sqrt{2}}$$

です.
実際には,

$$\sin\left(\frac{\pi}{4}\right) \text{または} \cos\left(\frac{\pi}{4}\right)$$

を一度だけ計算すれば,それですべての関数は計算できることになります.
データの数が16の場合は,同様に,

$$\sin\left(\frac{\pi}{8}\right), \quad \sin\left(\frac{\pi}{4}\right), \quad \sin\left(\frac{3\pi}{8}\right)$$

を計算すれば,すべてのフーリエ係数を計算することができます.
ただし,データの数は2の倍数,

$$2^n = 2, 4, \ldots, 1024, 2048, \ldots$$

という条件付きです.
この考えに基づいて,フーリエ変換の係数を計算するアルゴリズムを,

高速フーリエ変換 (FFT：Fast Fourier Transform)

と呼びます.

　高速フーリエ変換を採用すると，計算時間は大幅に短縮できます.
　データの数が大きくなると，FFTのメリットはそれだけ大きくなります.
　通常，使用する計測データは大量なので，

　　フーリエ変換は，FFTを使う

と考えます.
　FFTを使ってフーリエ係数を計算する際に，データの数は，

　　$2^n = 2, 4, ..., 1024, 2048, ...$

という条件付きです.
　フーリエ変換を行う際には，

　　使用するデータの数は，2^nにする

と覚えてください.

> **注意** 観測データの数が2000の場合，このデータにFFTを適用して，フーリエ係数を計算することはできません．976個のデータを捨てて，データを1024にすれば，FFTは適用できます．

4.7 — 計算

　イントロダクションは完了しました.
　Scilabを使い，観測データに対して高速フーリエ変換を適用して，フーリエ係数を求め

```
-->x=[0:3]
 x  =

    0.    1.    2.    3.
-->y=[1 2 -3 1]
 y  =

    1.    2.   - 3.    1.
-->F=fft(y)
 F  =

    1.    4. - i   - 5.    4. + i
```

画面4.1
Scilabによる計算

ます.

4.4節において,観測データ4個のサンプルを作り,手計算によってフーリエ係数を求めました.

このサンプルにScilabのFFTを適用して,手計算で求めた結果と一致するか検証します.

まず,Scilabを開きます.

コンソールのコマンドラインから,**画面4.1**に示すようにコマンドを打ち込みます.

まず,時刻のデータを,

```
-->x=[0:3]
```

として,作成します.

次に,計測データを,

```
-->y=[1 2 -3 1]
```

と入力します.

FFTの計算,

```
-->F=fft(y)
```

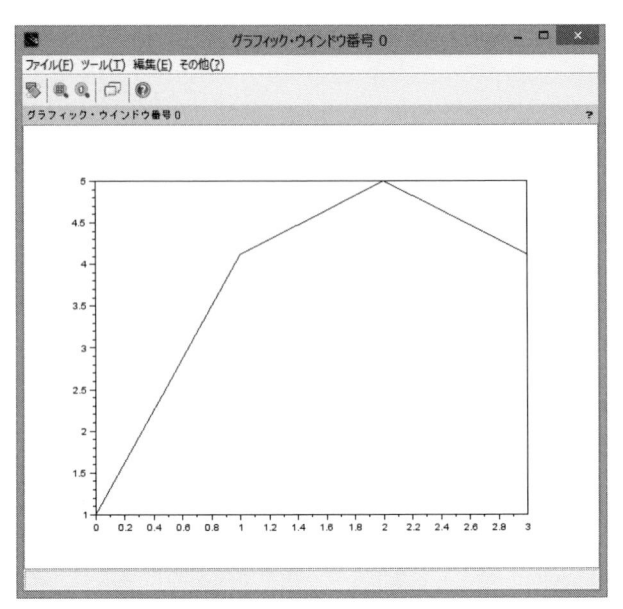

画面4.2　ベクトル長さのプロット

を実行します．フーリエ係数を配列Fに格納します．

画面4.1を見ると，確かに計算結果は(4.37)式と一致します．

以上，一致することを確認しました．

では，グラフをプロットします．

フーリエ係数の配列Fのノルム（ベクトルの長さ）は，

```
abs(F)
```

です．

コンソールから，

```
-->plot(x,abs(F))
```

と入力します．**画面4.2**に示すように，フーリエ係数のノルムをプロットしました．

フーリエ係数ベクトルの角度をプロットします．

```
-->atan(imag(F)/real(F))
 ans  =

    0.
```

画面4.3　角度のプリント

```
-->for i=1:4,ang=atan(imag(F(i)/real(F(i)))),end
 ang  =

    0.
 ang  =

  - 0.2449787
 ang  =

    0.
 ang  =

    0.2449787
```

画面4.4　角度のプリント

コマンドラインから,

```
-->atan(imag(F)/real(F))
```

と入力すると，**画面4.3**に示すように最初の角度だけがプリントされます．

コンソールのコマンドラインから**画面4.4**に示すように,

```
-->for i=1:4,ang=atan(imag(F(i)/real(F(i)))),end
```

と入力します．

手作業で計算したフーリエ係数を，Scilabの関数fftを使って計算して，両者が一致することを確認しました．

しかし，観測データの数が4では，有効な議論はできません．観測データの数を増やします．

観測データの数が大きくなると，データを一つひとつ手作業で作成することは困難です．

観測データを数式を使って，人工的に作成します．

時間軸をxとします．

xは，離散値です．

xの数をnとします．

コマンドラインから，**画面4.5**に示すように，

```
-->n=32
 n  =

    32.
-->x=[0:n-1]
 x  =

        column  1 to 17

    0.    1.    2.    3.    4.    5.    6.    7.    8.    9.    10.    11.    12.    13.    14.    15.    16.

        column 18 to 32

    17.   18.   19.   20.   21.   22.   23.   24.   25.   26.    27.    28.    29.    30.    31.
```

画面4.5　時間軸のデータ

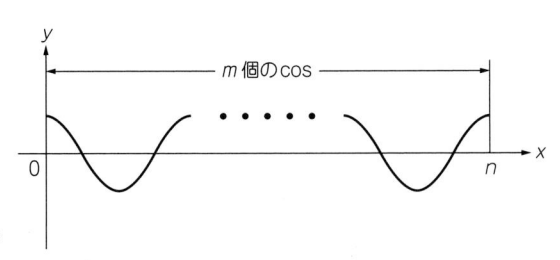

図4.16
m個のcos波形

```
-->n=32
-->x=[0:n-1]
```

と入力します.

時間軸のデータxを作成しました.

観測データをyとします.

yの数は，xと同じnです.

まず，観測データは，sin, cos, あるいは, それらを合成した波形とします.

時間区間xに，**図4.16**に示すように，m個のcos波形を入れます.

計算式は，

$$y_c = \cos\left(\frac{2\pi}{n}mx\right) \quad\cdots\cdots\cdots\cdots\cdots\cdots\cdots\cdots\cdots\cdots\cdots\cdots\cdots\cdots\cdots\cdots (4.38)$$

```
-->m=1
 m  =

    1.

-->yc=cos(2*%pi/n*m*x)
 yc  =

        column 1 to 9

    1.    0.9807853    0.9238795    0.8314696    0.7071068    0.5555702    0.3826834    0.1950903    6.123D-17

        column 10 to 18

  - 0.1950903  - 0.3826834  - 0.5555702  - 0.7071068  - 0.8314696  - 0.9238795  - 0.9807853  - 1.  - 0.9807853

        column 19 to 27

  - 0.9238795  - 0.8314696  - 0.7071068  - 0.5555702  - 0.3826834  - 0.1950903  - 1.837D-16    0.1950903    0.3826834

        column 28 to 32

    0.5555702    0.7071068    0.8314696    0.9238795    0.9807853
```

画面4.6 コマンドラインから入力

です．

cos波形の代わりにsin波形を入れると，計算式は，

$$y_s = \sin\left(\frac{2\pi}{n} mx\right) \quad \cdots\cdots\cdots\cdots\cdots\cdots\cdots\cdots\cdots\cdots\cdots\cdots (4.39)$$

となります．

実際に波形を作って，プロットします．

(4.38)式のcosについて，計算を行います．

波形の数は，

$$m = 1$$

とします．

コマンドラインから，**画面4.6**に示すように入力します．

作成したデータy_cを**画面4.7**に示すようにプロットします．

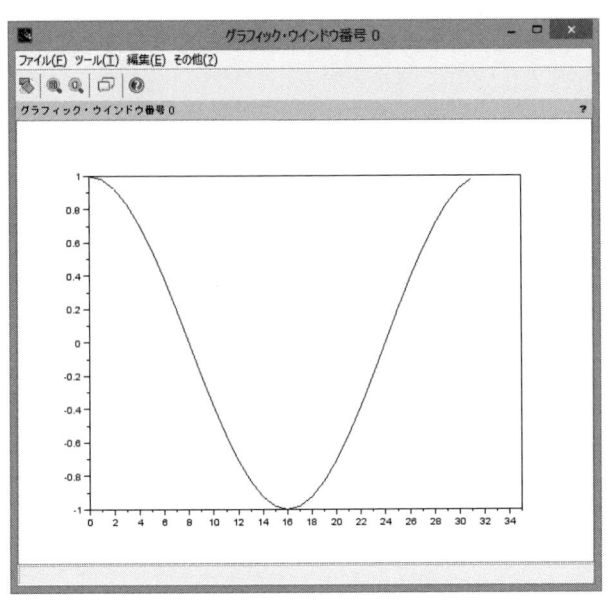

画面4.7 y_c のプロット

確かに，[0, 31]の区間に，1個のcos波形が入っています．
sin 2個の波形を作成します．

```
-->m=2
-->ys=sin(2*%pi/n*m*x)
-->plot(x,ys)
```

と入力します．
　y_sのグラフを**画面4.8**に示します．
　2個のsin波形を作りました．
　波形に，ランダム変数を加えます．
　Scilabの関数rand( )を使います．
　rand(a:b)は，区間[a b]において，一様乱数を発生します．
　まず，cosの波形を作成します．
　(4.38)式に，−0.25から＋0.25間の一様乱数を加えます．

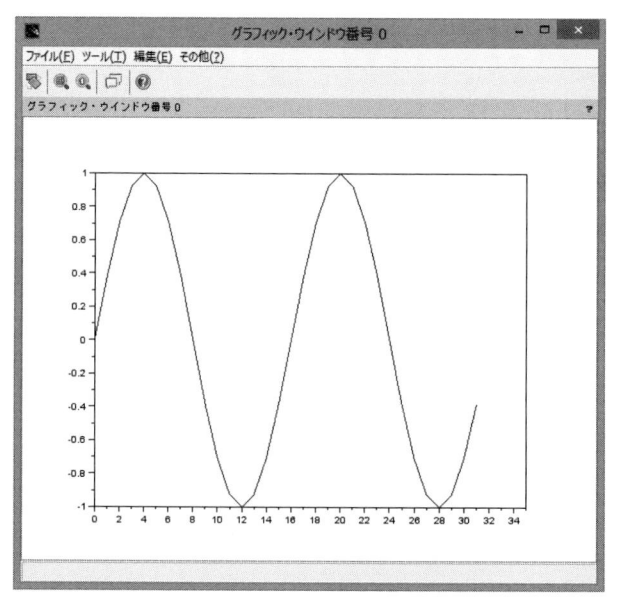

画面4.8 y_sのプロット

計算式は,

$$y_{cr} = y_c + 0.5(\text{rand}(x) - 0.5) \quad \cdots\cdots\cdots\cdots\cdots\cdots\cdots\cdots\cdots\cdots\cdots\cdots\cdots (4.40)$$

です.

コマンドラインから,**画面4.9**に示すように,

```
-->m=1
-->ycr=yc+0.5*(rand(x)-0.5)
```

と入力します.

データをグラフにプロットします.

コマンドラインから,

```
-->plot(x,yc)
```

```
-->m=1
 m  =

    1.
-->ycr=yc+0.5*(rand(x)-0.5)
 ycr  =

         column 1 to 8

    0.9380059    1.0978323    0.8046676    0.8311443    0.5890357    0.5682484    0.4014949    0.0050866

         column 9 to 16

  - 0.1371848  - 0.1313857  - 0.2522618  - 0.7812919  - 0.6209093  - 0.9806110  - 0.9783008  - 0.8157695

         column 17 to 24

  - 0.9560640  - 0.9893263  - 1.0622363  - 0.6614253  - 0.8968070  - 0.6628020  - 0.2023077  - 0.0203852

         column 25 to 32

    0.0128530    0.4416508    0.4571116    0.8017298    0.4821278    0.9557449    0.8790825    1.0350116
```

画面4.9　コマンドの入力

```
-->plot(x,ycr,'+bo')
```

と入力します．**画面4.10**のグラフがプロットされます．

次に，sinの波形にランダム変数を加算します．

(4.39)式に，－0.25から＋0.25間の一様乱数を加えると

$$y_{sr} = y_s + 0.5(\mathrm{rand}(x) - 0.5) \quad \cdots\cdots\cdots\cdots\cdots\cdots\cdots\cdots\cdots\cdots\cdots\cdots\cdots\cdots (4.41)$$

となります．

そこで，**画面4.11**に示すように，コマンドラインから，

```
-->m=2
-->ysr=ys+0.5*(rand(x)-0.5)
```

と入力します．

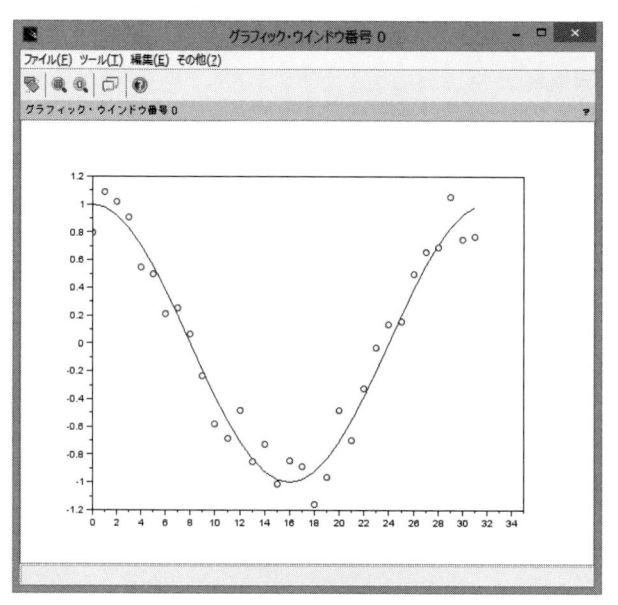

画面4.10　グラフのプロット

```
-->ysr=ys+0.5*(rand(x)-0.5)
 ysr  =

         column 1 to 8

 - 0.1443376     0.3231122     0.132794     0.4707338     0.7897973     0.8956655     1.0987522     1.0736508

         column 9 to 16

   1.1891082     0.7649723     0.9543038     0.9126481     0.8202821     0.4048274     0.4048121     0.0611277

         column 17 to 24

 - 0.1343881   - 0.3368587   - 0.1909890   - 0.4793135   - 0.8033022   - 0.6149888   - 1.0665791   - 1.0744643

         column 25 to 32

 - 1.0691819   - 1.0846719   - 0.8906671   - 0.8401460   - 0.7910208   - 0.5088155   - 0.3819164   - 0.2266609
-->plot(x,ysr)
```

画面4.11　コマンドの入力

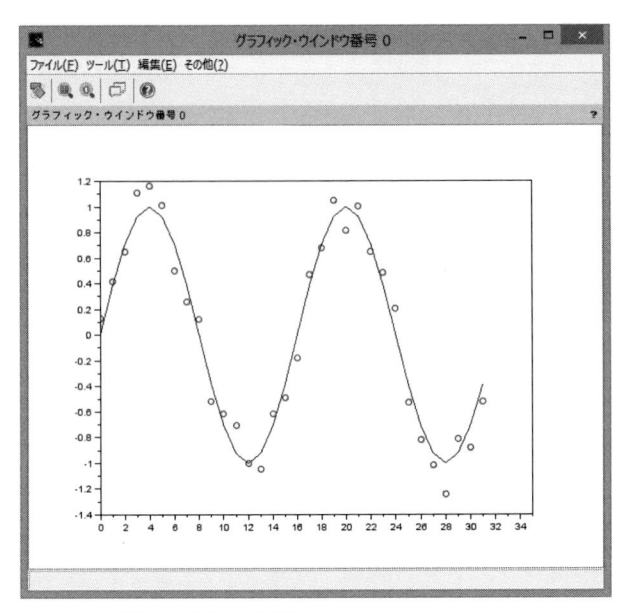

画面4.12 乱数を加えたsinの波形

y_{sr}とy_sを，プロットします。
コマンドラインから，

```
-->plot(x,ys)
-->plot(x,ysr,'+bo')
```

と入力します。
画面4.12に示すように，乱数を加えたsinの波形がプロットされます。
乱数を加えると，sinの波形は少し変形します。
観測データを人工的に作成したので，このデータをScilabのfftにかけて，フーリエ係数を計算します。
まず，cosの波形y_cを，フーリエ変換します。
コマンドラインから，

```
-->fc=fft(yc)
```

```
-->fc=fft(yc)
 fc  =

         column 1 to 5
  - 1.260D-15    16. - 1.966D-15i    2.683D-16 + 6.304D-16i  - 4.441D-16 - 1.992D-16i    7.995D-17 - 1.091D-15i

         column 6 to 9
   6.269D-16 + 1.637D-17i    4.232D-16 + 8.557D-16i  - 8.882D-16 - 1.992D-16i    9.958D-17 - 8.604D-16i

         column 10 to 13
   1.055D-15 - 2.288D-17i  - 1.783D-16 - 8.639D-17i    8.882D-16 + 2.449D-16i    1.192D-16 + 1.130D-15i

         column 14 to 17
  - 7.054D-16 - 6.214D-17i  - 2.335D-17 - 3.117D-16i    8.882D-16 - 1.992D-16i  - 3.168D-16

         column 18 to 21
   8.882D-16 + 1.992D-16i  - 2.335D-17 + 3.117D-16i  - 7.054D-16 + 6.214D-17i    1.192D-16 - 1.130D-15i

         column 22 to 25
   8.882D-16 - 2.449D-16i  - 1.783D-16 + 8.639D-17i    1.055D-15 + 2.288D-17i    9.958D-17 + 8.604D-16i

         column 26 to 29
  - 8.882D-16 + 1.992D-16i    4.232D-16 - 8.557D-16i    6.269D-16 - 1.637D-17i    7.995D-17 + 1.091D-15i

         column 30 to 32
  - 4.441D-16 + 1.992D-16i    2.683D-16 - 6.304D-16i    16. + 1.966D-15i
```

画面4.13　cosの波形のフーリエ変換

と入力します．**画面4.13**に示すように，フーリエ係数を計算します．

計算結果は複素数です．

ノルムをプロットします．

コマンドラインから，

```
-->plot(x,abs(fc))
```

と入力します．**画面4.14**に示すように，フーリエ係数のノルムをプロットします．

ノルムは，$x=1$，および$x=n-1$に，大きなピークがあります．

同様に，ノイズを加算したy_{cr}のフーリエ係数を計算して，ノルムをプロットします．

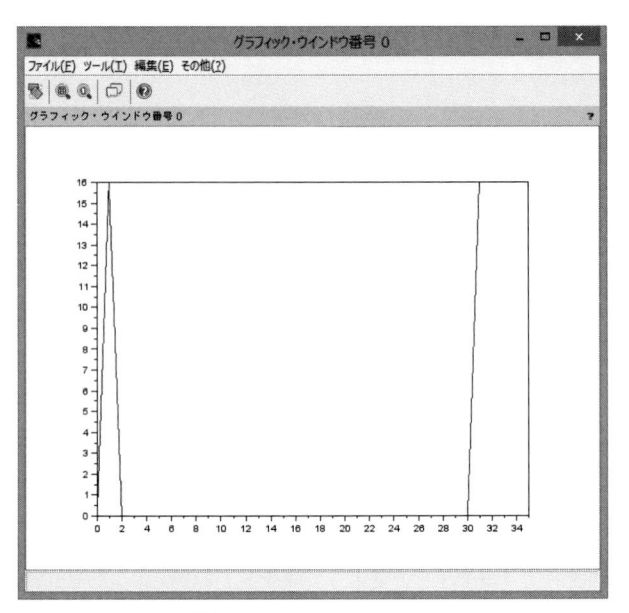

画面4.14　フーリエ係数のノルム

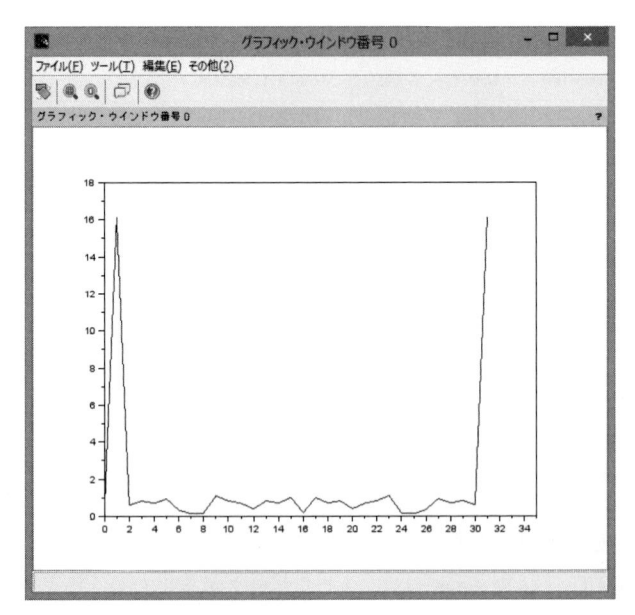

画面4.15　ノイズを加算した場合

```
-->fs=fft(ys)
 fs  =

        column 1 to 5

 - 8.653D-16  - 1.233D-15 + 7.153D-16i  - 4.065D-15 - 16.i    9.824D-16 - 1.881D-15i   - 2.261D-16 - 7.850D-16i

        column 6 to 9

 - 1.748D-15 - 5.931D-16i    5.975D-16 - 5.329D-15i    1.961D-15 - 1.935D-16i    1.133D-15 - 6.661D-16i

        column 10 to 13

   6.940D-16 + 3.607D-16i    1.534D-16 - 6.661D-16i    4.914D-16 + 8.131D-16i    7.160D-16 - 7.850D-16i

        column 14 to 17

   1.254D-15 + 5.044D-16i    5.975D-16 + 1.332D-15i  - 4.425D-16 + 2.898D-16i  - 4.212D-16

        column 18 to 21

 - 4.425D-16 - 2.898D-16i    5.975D-16 - 1.332D-15i    1.254D-15 - 5.044D-16i    7.160D-16 + 7.850D-16i

        column 22 to 25

   4.914D-16 - 8.131D-16i    1.534D-16 + 6.661D-16i    6.940D-16 - 3.607D-16i    1.133D-15 + 6.661D-16i

        column 26 to 29

   1.961D-15 + 1.935D-16i    5.975D-16 + 5.329D-15i  - 1.748D-15 + 5.931D-16i  - 2.261D-16 + 7.850D-16i

        column 30 to 32

   9.824D-16 + 1.881D-15i  - 4.065D-15 + 16.i    - 1.233D-15 - 7.153D-16i
```

画面4.16　sinの波形のフーリエ変換

結果を**画面4.15**に示します.

ノイズを入れたので，いろいろな周期に小さな数値が入ります.

sinについて，同じ操作を行います.

まず，sinの波形データy_sをフーリエ変換します.

コマンドラインから，

```
-->fs=fft(ys)
```

と入力します.

画面4.16に示すように，フーリエ係数を計算します.

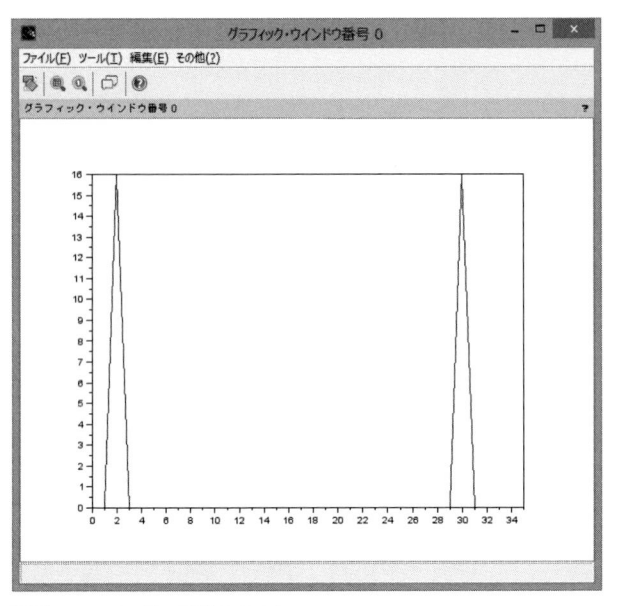

画面4.17 フーリエ係数のノルム

ノルムをプロットします．
コマンドラインから，

```
-->plot(x,abs(fs))
```

と入力します．**画面4.17**に示すように，フーリエ係数のノルムをプロットします．
$x=2$，および$x=n-2$に，大きなピークがあります．
ノイズを加算したy_{sr}のフーリエ係数を計算します．
係数のノルムをプロットすると，**画面4.18**になります．
観測データが与えられたとして，フーリエ係数を計算する手続きを具体的に述べました．
重要なポイントは，

　計算した結果から何を得るか

です．これに挑戦しましょう．

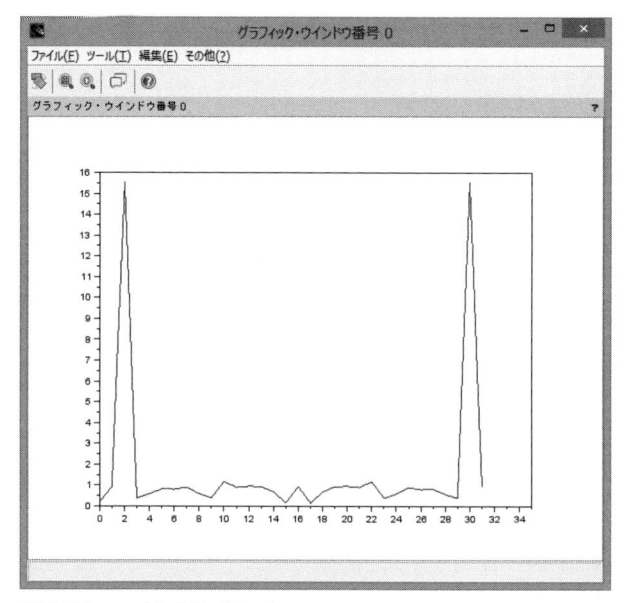

画面4.18 y_{sr} ノルムのプロット

まず，**画面4.14**，**画面4.17**を見比べてみます．
画面4.14において，ノルムのピークは，

$m = 1$ および $m = 31$

にあります．
これに対して，**画面4.17**においては，ピークは，

$m = 2$ および $m = 30$

です．
画面4.14で使用した波形は，$m = 1$，**画面4.17**で使用した波形は，$m = 2$です．
これから考えると，

画面4.14の $m = 31$ のピーク

```
-->m=31
 m  =

    31.

-->yc=cos(2*%pi/n*m*x)
 yc  =

        column 1 to 9

    1.    0.9807853    0.9238795    0.8314696    0.7071068    0.5555702    0.3826834    0.1950903  - 3.675D-15

        column 10 to 18

  - 0.1950903  - 0.3826834  - 0.5555702  - 0.7071068  - 0.8314696  - 0.9238795  - 0.9807853  - 1.   - 0.9807853

        column 19 to 26

  - 0.9238795  - 0.8314696  - 0.7071068  - 0.5555702  - 0.3826834  - 0.1950903    1.813D-14    0.1950903

        column 27 to 32

    0.3826834    0.5555702    0.7071068    0.8314696    0.9238795    0.9807853

-->plot(x,yc)
```

画面4.19　$m=31$ のプロット

画面4.17の $m=30$ のピーク

は，いったい何者なのか？　という疑問が浮かんできます．

実際に，波形を計算してみます．

Scilabのコマンドラインから，**画面4.19**に示すように入力します．

波形をプロットすると，**画面4.20**になります．

画面4.20は，**画面4.7**と同じです．

時間区間 n に対して，1個のcosを入れると，計算式は，

$$y_c = \cos\left(\frac{2\pi}{n} 1 x\right) \quad\cdots\cdots\cdots\cdots\cdots\cdots\cdots\cdots\cdots\cdots\cdots\cdots\cdots\cdots\cdots\cdots\cdots (4.42)$$

となります．

31個のcosを入れると，計算式は，

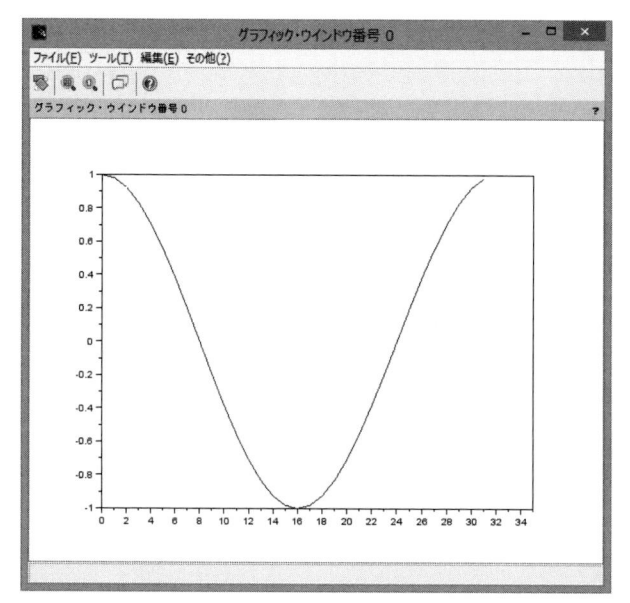

画面4.20 $m=31$の波形

$$y_c = \cos\left(\frac{2\pi}{n}31x\right) \quad\cdots\cdots\cdots\cdots\cdots\cdots\cdots\cdots\cdots\cdots\cdots\cdots\cdots\cdots (4.43)$$

となりますが，

　結果として得られる波形は同じ，

ということになります．

　(4.43)式の波形は，厳密に描くと**図4.17**となりますが，$m=31$でサンプリングすると，結果として(4.42)式と一致します．

　波形が同じならば，そのフーリエ変換も同じです．

　$n=32$の場合の結果をまとめて，**表4.1**に示します．

　図4.17から判断すると，**表4.1**において，

　$m=17,\ldots,32$

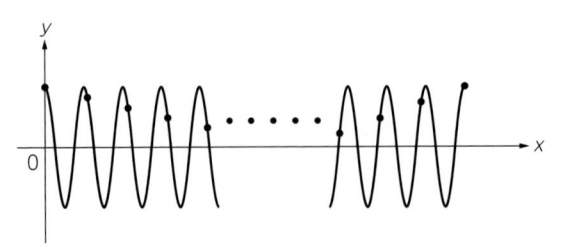

図4.17 厳密な波形とサンプリング波形

表4.1 $n=32$の場合の結果

$m=32$	−
$m=31$	$m=1$
$m=30$	$m=2$
…	…
…	…
$m=18$	$m=14$
$m=17$	$m=15$
$m=16$	−

のデータは,信頼できるデータではありません.

時間区間が32に対して,

> 31個の波形を入れる

のならば,波形のほとんどは,観測データに捉えられていません.

このようなデータに対して波形処理をしても,重要な結論は得られません.当然のことです.

激しく変化する波を解析するのであれば,その波の変化を十分に捉えることができるように,

> サンプリング時間を小さくする

必要があります.

ゆっくり変化する波を解析するのであれば,

> サンプリング時間を大きくしてもよい

ことになります.

重要なのは,観測データです.

観測したデータそのものが必要条件を満足しないならば,それに対してどのような解析法を適用しても,正しい結論は得られません.

図4.18
良い素材

良い料理を作りたければ，まず良い素材を手に入れることです．
良い素材を処理して，初めて良い料理を作ることができます．
データの解析も同じです．
二つのcosを加算した波形を作ります．
波形を，

$$y_{cc} = \cos\left(\frac{2\pi}{n}2x\right) + \cos\left(\frac{2\pi}{n}4x\right) \quad \cdots\cdots (4.44)$$

とします．

Scilabを開きます．
コンソールのコマンドラインから，**画面4.21**に示すように入力します．
(4.44)式を，**画面4.22**に示すようにプロットします．
二つのcosを合成しました．
波形をフーリエ変換します．
コンソールのコマンドラインから，

```
-->fcc=fft(ycc)
```

と入力します．
続いて，結果をプロットします．
コンソールのコマンドラインから，

```
-->n=32
 n  =

    32.
-->x=[0:n-1]
 x  =

       column  1 to 18

    0.   1.   2.   3.   4.   5.   6.   7.   8.   9.   10.   11.   12.   13.   14.   15.   16.   17.

       column 19 to 32

    18.   19.   20.   21.   22.   23.   24.   25.   26.   27.   28.   29.   30.   31.

-->ycc=cos(2*%pi/n*2*x)+cos(2*%pi/n*4*x)
 ycc  =

       column  1 to 10

    2.    1.6309863    0.7071068  - 0.3244233  - 1.  - 1.0897902  - 0.7071068  - 0.2167728    0.  - 0.2167728

       column 11 to 20

  - 0.7071068  - 1.0897902  - 1.  - 0.3244233    0.7071068    1.6309863    2.    1.6309863    0.7071068  - 0.3244233

       column 21 to 30

  - 1.  - 1.0897902  - 0.7071068  - 0.2167728    0.  - 0.2167728  - 0.7071068  - 1.0897902  - 1.  - 0.3244233

       column 31 to 32

    0.7071068    1.6309863
-->plot(x,ycc)
```

画面4.21 コマンドの入力

```
-->plot(x,abs(fcc))
```

と入力します.

　画面4.23に示すように，ノルムをプロットします.

　$m=2$と$m=4$のcosを加算したので，$x=2$と$x=4$にピークがあります.

　ピークの高さは，同じです.

　cosとsinを合成した波形，

$$y_{cs} = \cos(\frac{2\pi}{n}x) + \sin(\frac{2\pi}{n}x) \quad \cdots\cdots\cdots\cdots\cdots\cdots\cdots\cdots\cdots\cdots\cdots\cdots\cdots\cdots (4.45)$$

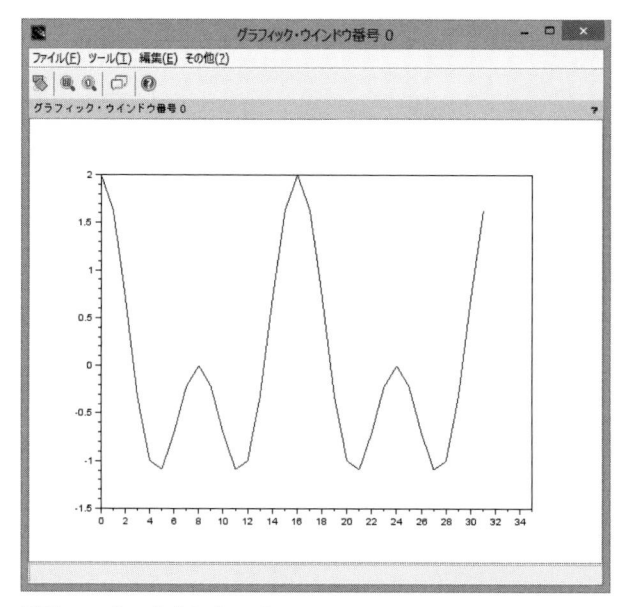

画面4.22 （4.44）式のプロット

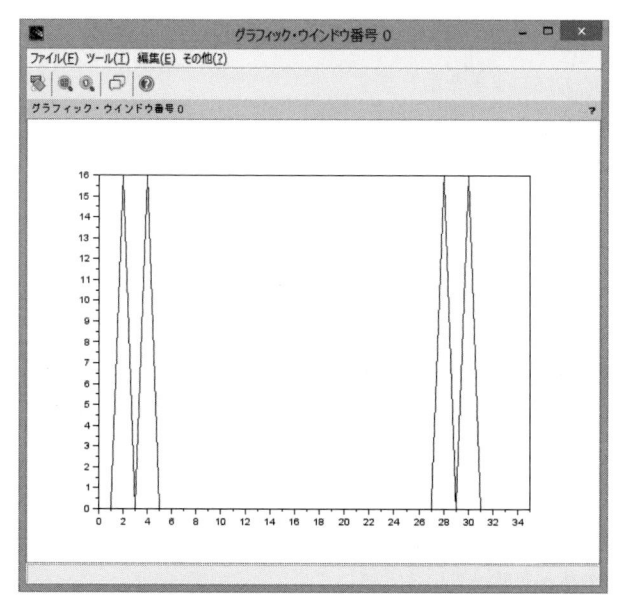

画面4.23 合成式のプロット

4.7——計算

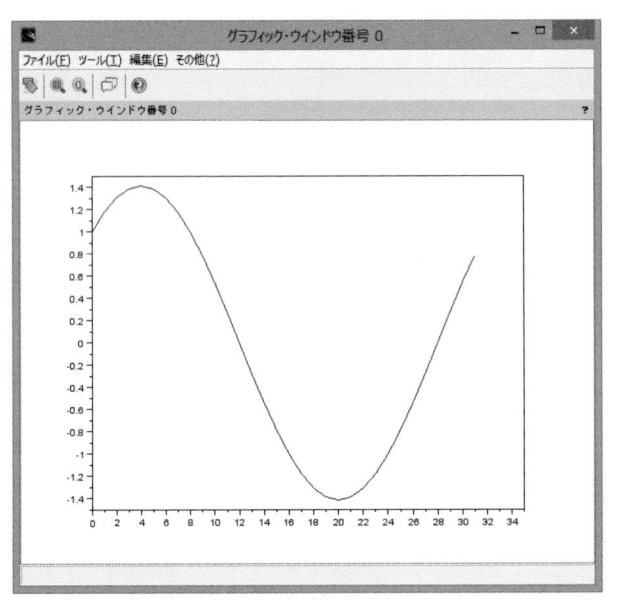

画面4.24　y_{cs} のプロット

を使います．
　画面4.24に，y_{cs} のプロットを示します．
　y_{cs} をフーリエ変換します．
　ノルムを画面4.25に示します．
　同じ周期の関数を合成したので，ピークが現れる場所は同じです．
　ただし，ピークの高さは異なります．
　cosとsinから離れて，別の形状の関数についてフーリエ変換を行います．
　ステップ状に変化する関数をテストします．
　関数の形状を画面4.26にプロットします．
　フーリエ変換します．画面4.27に示すように，ノルムをプロットします．
　ピークは，$m = 1$ にあります．
　$m = 1$ 以外にも，小さな値が現れています．
　大学の研究室に入って，卒業研究に挑戦している学生の皆さんは，おそらく授業においてフーリエ解析の講義を聞いていると思います．
　単位も取得したことでしょう．

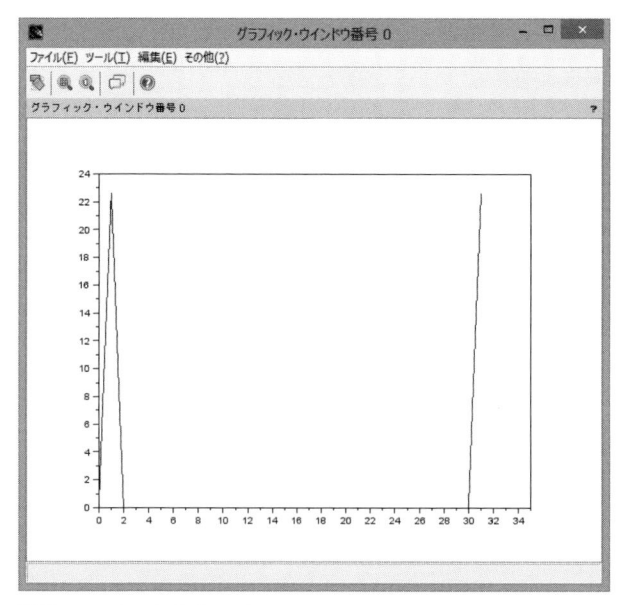

画面4.25　ノルムのプロット

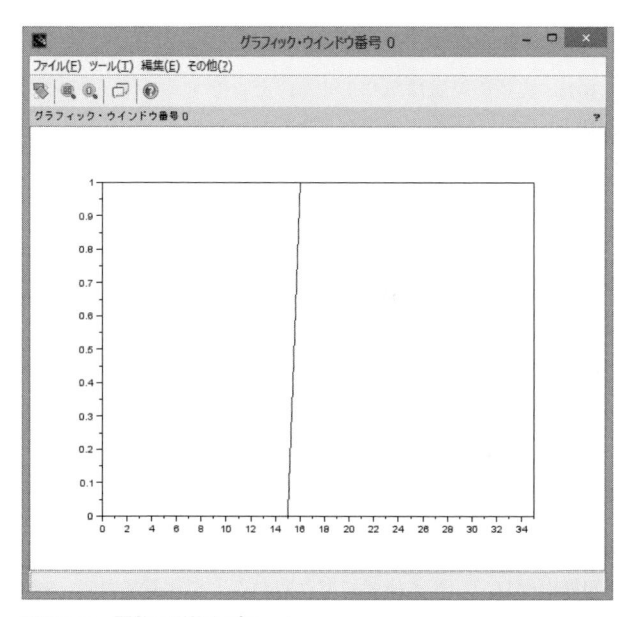

画面4.26　関数の形状をプロット

4.7——計算

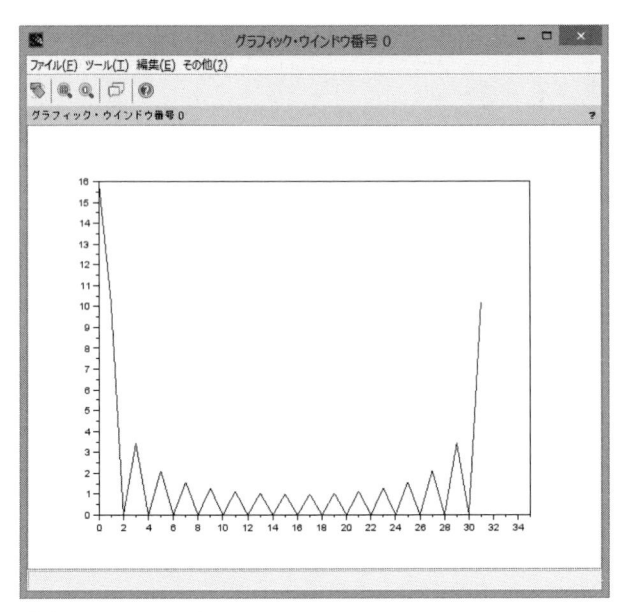

画面4.27　ノルムのプロット

しかし当然ですが，実戦の経験はありません．ゼロです．
ここが，企業の研究所などで働く研究者と違うところです．
ここでは，入力波形を仮定して，そのフーリエ係数を求める手順を述べました．
これを，

数値シミュレーション

と言います．
コンピュータを使って，経験を積んでください．
シミュレーションは「実務経験とは違う」などとケチをつける人がいるかもしれません．
もちろん，実務経験はシミュレーションに勝ります．
当たり前のことです．
しかし，予備知識がゼロで，卒業研究に取り組むことに比較すれば，はるかに勝るものと言えるでしょう．

第5章
ウェーブレット解析

5.1 — はじめに

観測データに対して,ウェーブレット解析 (Wavelet Analysis) を行います.

5.2 — ウェーブレットとは

いまから100年以上も前,1909年ハンガリー生まれのHaarは,一つの論文を書き上げます.この論文が,現在ウェーブレットの始まりと位置付けられています.

しかし,当時は誰一人(おそらく本人も含めて),この論文の価値を認める人はいませんでした.

それからおよそ80年が経過して,ウェーブレット解析の研究が爆発的にスタートします.

ウェーブレットの研究がスタートすると,これまでは**大洋の離れ小島**のような存在だったフーリエ解析が,実は,

> 線形変換に属する一つのツール

であることが明らかになります.

しかし,仲間が増えたからと言って,

> フーリエ解析の価値は低下する

などと主張するものではありません．

　コロンブスは，大西洋を横断してサンサルバドル島を発見します．

　しかし，その背後に，巨大なアメリカ大陸があったのです．

　フーリエ変換は，前章において述べたように，時間区間いっぱいにsinあるいはcosの波を張ります．

　このために，フーリエ変換は，**時間空間**(time space)から離脱して**周波数**(frequency)の空間へ移行します．

　これに対してウェーブレットは，**時間空間の波形**を扱います．

　時間と周波数に関連して，議論を進めます．

　ここが，ウェーブレットの重要なポイントです．

　これまでも述べてきましたが，フーリエ変換とウェーブレット変換は，ともに**線形変換**(linear transform)に属します．

　数学の記号を使って説明します．

　いま，変数wとyの間に，例えば，

$$w = 2y$$

という式が成立すると，

　　wは，yの線形変換

と言います．wは，yの定数倍になっているからです．

　ところが，

$$w = 2y + 8$$

となると，wは，yの線形変換ではありません．

　定数8が加算されているからです．

　一般化します．

　変数はn個で，$y_1, y_2, ..., y_n$があります．

　このn個の変数に対して，n個の定数を使って，

$$w = a_1 y_1 + a_2 y_2 + \ldots + a_n y_n \quad \cdots\cdots\cdots\cdots (5.1)$$

とするならば,wはy_1, y_2, ..., y_nの線形変換と言います.

ここで,aは定数(例えば,12.3, ..., など)でなければいけません.これは,絶対の条件です.

(5.1)式のwがn個あると,

$$\begin{aligned}
w_1 &= a_{11} y_1 + a_{12} y_2 + \ldots + a_{1n} y_n \\
w_2 &= a_{21} y_1 + a_{22} y_2 + \ldots + a_{2n} y_n \\
&\ldots \\
w_n &= a_{n1} y_1 + a_{n2} y_2 + \ldots + a_{nn} y_n
\end{aligned} \quad \cdots\cdots\cdots (5.2)$$

となります.

通常,(5.2)式は,行列を使って,

$$\begin{bmatrix} w_1 \\ w_2 \\ \cdot \\ \cdot \\ w_n \end{bmatrix} = \begin{bmatrix} a_{11} & a_{12} & \cdot\cdot & a_{1n} \\ a_{11} & a_{12} & \cdot\cdot & a_{1n} \\ & \cdot & \cdot & \\ & \cdot & \cdot & \\ a_{11} & a_{12} & \cdot\cdot & a_{1n} \end{bmatrix} \begin{bmatrix} y_1 \\ y_2 \\ \cdot \\ \cdot \\ y_n \end{bmatrix} \quad \cdots\cdots\cdots (5.3)$$

と書きます.

以下,(5.3)式の右辺の行列を**変換行列**(transform matrix)と呼びます.

変換行列が,

正規直交行列(orthonormal matrix)

の条件を満足すると,wとyの構造(あるいは,相対的な位置関係)は変化しません.同じです.

wは,yを別の角度から見たものです.

5.2——ウェーブレットとは

正規直交行列の条件は，

> 正規 (normal)
> 直交 (ortho)

です．

正規とは，行列の各行において，要素の2乗和は，

$$a_{j1}^2 + a_{j2}^2 + ... + a_{jn}^2 = 1 \quad (j=1,2,...,n) \quad \cdots\cdots (5.4)$$

あるいは，まとめて，

$$\sum_{i=1}^{n} a_{ji}^2 = 1 \quad (j=1,2,...,n)$$

となります．

直交とは，異なる行の積和は，

$$a_{j1}a_{k1} + a_{j2}a_{k2} + ... + a_{jn}a_{kn} = 0 \quad (j \neq k) \quad \cdots\cdots (5.5)$$

あるいは，

$$\sum_{i=1}^{n} a_{ji} a_{ki} = 0 \quad (j \neq k)$$

となります．

正規直交行列は，必ず逆行列が存在します．
これを**存在定理**と言います．
逆行列を使うと，wからyを復元することができます．
これを，**逆変換**(inverse transform)と言います．

フーリエ変換は，sinとcosを使って正規直交行列を作りました．

ウェーブレット変換は，小さな波（すなわち，wavelet）を使って，正規直交行列を構成します．

> **注意** 英語のstarletを，**星屑**（ほしくず）と訳します．接尾語letは，「小さい」を意味します．wave + letは，**小さい波**です．

5.3 — Haar

理論を理論として理解することは，重要です．

これを軽視しては，いけません．

しかし，新しい発見は，じっと考えることによって生まれるものではありません．

手を動かす，あるいは体を動かす，これが新しい発想を生み出す源泉です．

そういった意味で，まず，既存のウェーブレットを取り上げて，数値計算を行います．

要素数が2のHaarのウェーブレットを使います．

このウェーブレットは，二つの要素，

$$a_0 = -\frac{1}{\sqrt{2}}, \quad a_1 = \frac{1}{\sqrt{2}} \tag{5.6}$$

から成ります．

波形の段差を検出するウェーブレットです．

いま，観測データは8個，

$$y_1, y_2, y_3, y_4, y_5, y_6, y_7, y_8$$

とします．

このデータをHaarのウェーブレットによって変換します．

計算式は，

$$\begin{bmatrix} w_1 \\ w_2 \\ w_3 \\ w_4 \\ w_5 \\ w_6 \\ w_7 \\ w_8 \end{bmatrix} = \begin{bmatrix} \frac{1}{\sqrt{8}} & \frac{1}{\sqrt{8}} & \frac{1}{\sqrt{8}} & \frac{1}{\sqrt{8}} & \frac{1}{\sqrt{8}} & \frac{1}{\sqrt{8}} & \frac{1}{\sqrt{8}} & \frac{1}{\sqrt{8}} \\ \frac{1}{\sqrt{8}} & \frac{1}{\sqrt{8}} & \frac{1}{\sqrt{8}} & \frac{1}{\sqrt{8}} & -\frac{1}{\sqrt{8}} & -\frac{1}{\sqrt{8}} & -\frac{1}{\sqrt{8}} & -\frac{1}{\sqrt{8}} \\ \frac{1}{2} & \frac{1}{2} & -\frac{1}{2} & -\frac{1}{2} & 0 & 0 & 0 & 0 \\ 0 & 0 & 0 & 0 & \frac{1}{2} & \frac{1}{2} & -\frac{1}{2} & -\frac{1}{2} \\ \frac{1}{\sqrt{2}} & -\frac{1}{\sqrt{2}} & 0 & 0 & 0 & 0 & 0 & 0 \\ 0 & 0 & \frac{1}{\sqrt{2}} & -\frac{1}{\sqrt{2}} & 0 & 0 & 0 & 0 \\ 0 & 0 & 0 & 0 & \frac{1}{\sqrt{2}} & -\frac{1}{\sqrt{2}} & 0 & 0 \\ 0 & 0 & 0 & 0 & 0 & 0 & \frac{1}{\sqrt{2}} & -\frac{1}{\sqrt{2}} \end{bmatrix} \begin{bmatrix} y_1 \\ y_2 \\ y_3 \\ y_4 \\ y_5 \\ y_6 \\ y_7 \\ y_8 \end{bmatrix} \quad \cdots\cdots (5.7)$$

です.

この行列を展開すると,

$$w_1 = \frac{1}{\sqrt{8}} y_1 + \frac{1}{\sqrt{8}} y_2 + \frac{1}{\sqrt{8}} y_3 + \frac{1}{\sqrt{8}} y_4 + \frac{1}{\sqrt{8}} y_5 + \frac{1}{\sqrt{8}} y_6 + \frac{1}{\sqrt{8}} y_7 + \frac{1}{\sqrt{8}} y_8$$

$$w_2 = \frac{1}{\sqrt{8}} y_1 + \frac{1}{\sqrt{8}} y_2 + \frac{1}{\sqrt{8}} y_3 + \frac{1}{\sqrt{8}} y_4 - \frac{1}{\sqrt{8}} y_5 - \frac{1}{\sqrt{8}} y_6 - \frac{1}{\sqrt{8}} y_7 - \frac{1}{\sqrt{8}} y_8$$

$$w_3 = \frac{1}{2} y_1 + \frac{1}{2} y_2 - \frac{1}{2} y_3 - \frac{1}{2} y_4$$

$$w_4 = \frac{1}{2} y_5 + \frac{1}{2} y_6 - \frac{1}{2} y_7 - \frac{1}{2} y_8$$

$$w_5 = \frac{1}{\sqrt{2}} y_1 - \frac{1}{\sqrt{2}} y_2$$

$$\cdots$$

$$w_8 = \frac{1}{\sqrt{2}} y_7 - \frac{1}{\sqrt{2}} y_8$$

となります.

(5.5) 式の右辺の変換行列は，**正規直交行列**です．

これを確認します．

まず，**正規**の条件をチェックします．

1行と2行は，2乗すると $\frac{1}{8}$ になる項目が8個あるので，それらの和は1になります．

3行と4行は，

$$(\frac{1}{2})^2 + (\frac{1}{2})^2 + (-\frac{1}{2})^2 + (-\frac{1}{2})^2 = \frac{1}{4} + \frac{1}{4} + \frac{1}{4} + \frac{1}{4} = 1$$

となります．

6行から8行は，

$$(\frac{1}{\sqrt{2}})^2 + (-\frac{1}{\sqrt{2}})^2 = \frac{1}{2} + \frac{1}{2} = 1$$

となります．

いずれも，正規の条件を満足しています．

次に，**直交**の条件をチェックします．

5行と6行の積和は，

$$\frac{1}{\sqrt{2}} \times 0 + (-\frac{1}{\sqrt{2}}) \times 0 + 0 \times \frac{1}{\sqrt{2}} + 0 \times (-\frac{1}{\sqrt{2}}) + 0 \times 0 + \cdots + 0 \times 0 = 0$$

6行と3行の積和は，

$$\frac{1}{\sqrt{2}} \times \frac{1}{2} + (-\frac{1}{\sqrt{2}}) \times \frac{1}{2} + 0 \times (-\frac{1}{2}) + 0 \times (-\frac{1}{2}) + 0 \times 0 + \cdots + 0 \times 0 = 0$$
…
…

となります．

ウェーブレット　　　　　観測データ

26.3
0.92
−5.1　　← 変換行列 ←
⋮
⋮

図5.1
データの変換

$$\begin{vmatrix} \bullet & \bullet & \bullet & \bullet & \bullet & \bullet & \bullet & \bullet \\ \bullet & \bullet & \bullet & \bullet & \bullet & \bullet & \bullet & \bullet \\ \bullet & \bullet & \bullet & \bullet & \bullet & \bullet & \bullet & \bullet \\ \bullet & \bullet & \bullet & \bullet & \bullet & \bullet & \bullet & \bullet \\ \frac{1}{\sqrt{2}} & -\frac{1}{\sqrt{2}} & 0 & 0 & 0 & 0 & 0 & 0 \\ 0 & 0 & \frac{1}{\sqrt{2}} & -\frac{1}{\sqrt{2}} & 0 & 0 & 0 & 0 \\ 0 & 0 & 0 & 0 & \frac{1}{\sqrt{2}} & -\frac{1}{\sqrt{2}} & 0 & 0 \\ 0 & 0 & 0 & 0 & 0 & 0 & \frac{1}{\sqrt{2}} & -\frac{1}{\sqrt{2}} \end{vmatrix} \Big\} \text{レベル1}$$

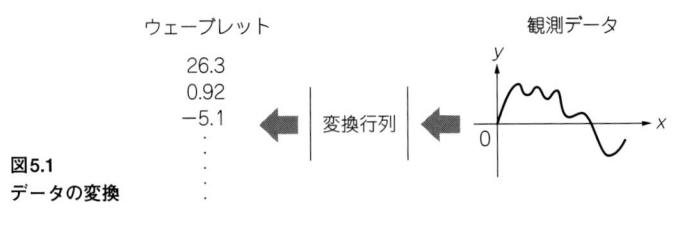

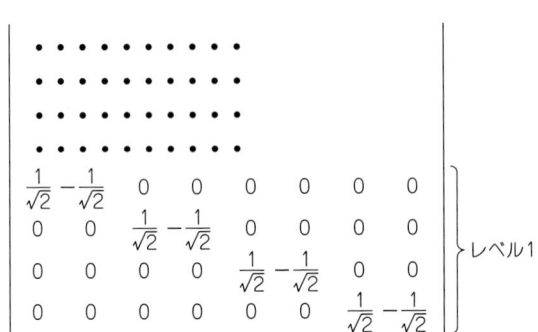

図5.2
レベル1のウェーブレット

直交条件を満足しています．つまり，(5.6)式の右辺の行列は，確かに正規直交行列です．以下，この変換行列を**Haarの変換行列**と呼びます．

Haarの変換行列は，観測データyを別のデータwに変換します．

wを，ここでは**ウェーブレット係数**（wavelet coefficients）と呼びます．

ウェーブレット係数の**レベル**（level）について説明します．

Haarの変換行列(5.7)式を見てみます．

変換行列の下半分の4行に，**図5.2**に示すように，Haarのウェーブレットの原型が並んでいます．

この行列から，係数，

$w_5, \ w_6, \ w_7, \ w_8$

を計算しました．

これらのwを，

レベル1の係数

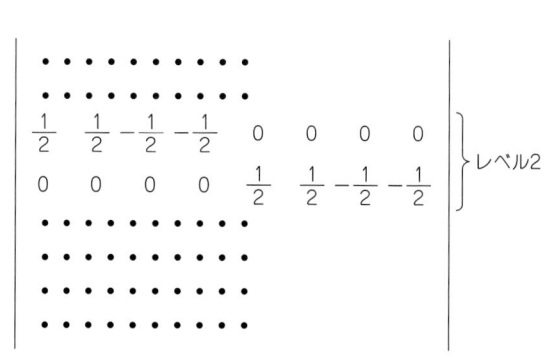

$$\begin{pmatrix} \cdots\cdots\cdots\cdots \\ \cdots\cdots\cdots\cdots \\ \frac{1}{2} & \frac{1}{2} & -\frac{1}{2} & -\frac{1}{2} & 0 & 0 & 0 & 0 \\ 0 & 0 & 0 & 0 & \frac{1}{2} & \frac{1}{2} & -\frac{1}{2} & -\frac{1}{2} \\ \cdots\cdots\cdots\cdots \\ \cdots\cdots\cdots\cdots \\ \cdots\cdots\cdots\cdots \\ \cdots\cdots\cdots\cdots \end{pmatrix} \Bigg\} \text{レベル2}$$

図5.3
レベル2のウェーブレット

$$\begin{pmatrix} \cdots\cdots\cdots\cdots \\ \frac{1}{\sqrt{8}} & \frac{1}{\sqrt{8}} & \frac{1}{\sqrt{8}} & \frac{1}{\sqrt{8}} & -\frac{1}{\sqrt{8}} & -\frac{1}{\sqrt{8}} & -\frac{1}{\sqrt{8}} & -\frac{1}{\sqrt{8}} \\ \cdots\cdots\cdots\cdots \\ \cdots\cdots\cdots\cdots \\ \cdots\cdots\cdots\cdots \\ \cdots\cdots\cdots\cdots \\ \cdots\cdots\cdots\cdots \\ \cdots\cdots\cdots\cdots \end{pmatrix} \text{レベル3}$$

図5.4
レベル3のウェーブレット

と呼びます．その上の2行には，**図5.3**に示すように，原型を2倍に拡張したパターンを置きました．

ここから，

w_3, w_4

を計算します．これらを，

レベル2の係数

と呼びます．

w_2 は，レベル3の係数です．

図5.4に示すように，レベル2のウェーブレットを2倍に拡張します．

$$\frac{1}{\sqrt{8}} \quad \frac{1}{\sqrt{8}} \quad \frac{1}{\sqrt{8}} \quad \frac{1}{\sqrt{8}} \quad \frac{1}{\sqrt{8}} \quad \frac{1}{\sqrt{8}} \quad \frac{1}{\sqrt{8}} \quad \frac{1}{\sqrt{8}} \quad \text{レベル4}$$

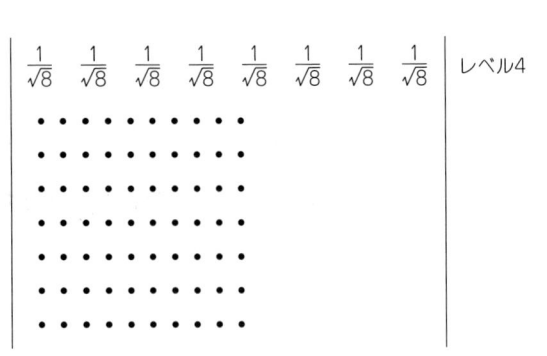

図5.5 レベル4のウェーブレット

```
-->h
 h =

    0.3535534    0.3535534    0.3535534    0.3535534    0.3535534    0.3535534    0.3535534    0.3535534
    0.3535534    0.3535534    0.3535534    0.3535534  - 0.3535534  - 0.3535534  - 0.3535534  - 0.3535534
    0.5          0.5        - 0.5        - 0.5          0.           0.           0.           0.
    0.           0.           0.           0.           0.5          0.5        - 0.5        - 0.5
    0.7071068  - 0.7071068    0.           0.           0.           0.           0.           0.
    0.           0.           0.7071068  - 0.7071068    0.           0.           0.           0.
    0.           0.           0.           0.           0.7071068  - 0.7071068    0.           0.
    0.           0.           0.           0.           0.           0.           0.7071068  - 0.7071068
```

画面5.1　Haarの行列

w_1は，レベル4の係数です．

図5.5に示すように，1行に同じ$\frac{1}{\sqrt{8}}$を置きます．

数学的に言うと，レベル4の係数w_1は，観測データyの平均値になります．

Scilabを使って(5.6)式の計算を行います．

Scilabを開きます．

画面5.1に示すように，Haarの行列を作成します．

続いて，画面5.2に示すように，観測データyを入力します．

入力した波形を図5.6に示します．

コマンドラインから，

```
-->w=h*y
```

と入力します．画面5.3に示すように，ウェーブレット係数を計算します．

ウェーブレット係数を表5.1に示します．

```
-->y=[0;1;1;1;0;-1;-1;-1]
 y  =

   0.
   1.
   1.
   1.
   0.
 - 1.
 - 1.
 - 1.
```

画面5.2　観測データ y

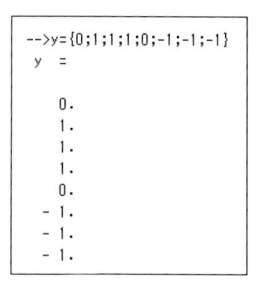

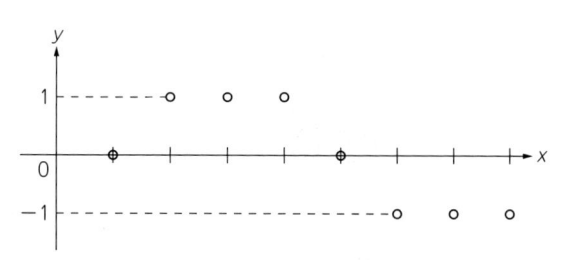

図5.6　y の波形

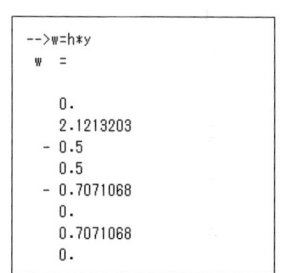

```
-->w=h*y
 w  =

   0.
   2.1213203
 - 0.5
   0.5
 - 0.7071068
   0.
   0.7071068
   0.
```

画面5.3　ウェーブレットの計算

表5.1　ウェーブレット係数

w_1	0
w_2	2.1213203
w_3	-0.5
w_4	0.5
w_5	-0.7071068
w_6	0
w_7	0.7071068
w_8	0

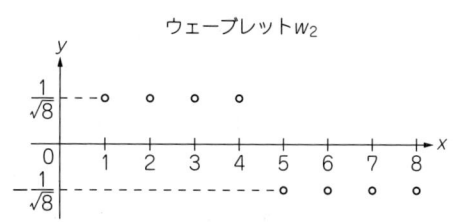

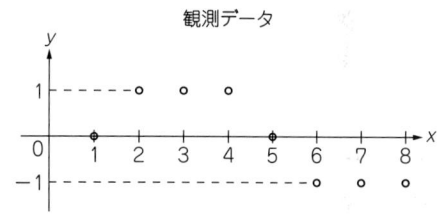

図5.7　y と w_2 のグラフ

計算した数値のなかで，最大は，

$$w_2 = 2.1213203$$

です．

図5.7に，観測データ y と，w_2 のウェーブレット（変換行列の2行）のグラフを示します．

図5.8 y と w_5 と w_7 のグラフ

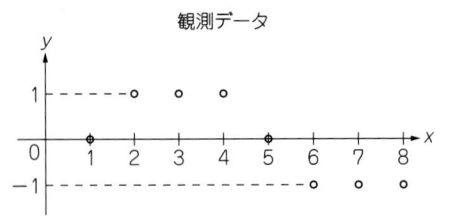

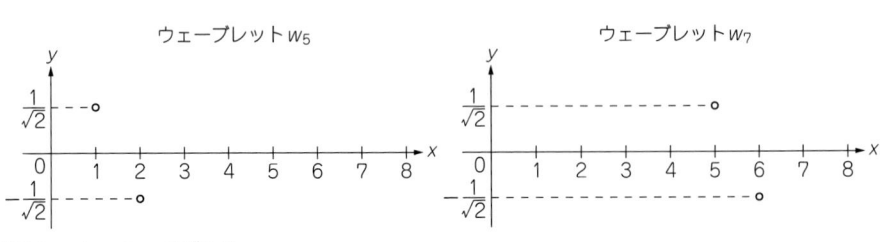

二つのグラフは，よく一致しています．
次に大きな値は，

$w_5 = -0.7071068$
$w_7 = 0.7071068$

です．
グラフを**図5.8**に示します．
w_5 は，

$y_1 = 0$ から $y_2 = 1$

の立ち上がりを検出しています．符号がマイナスになっているところに注意します．
w_7 は，

$y_7 = 0$ から $y_8 = -1$

の立ち下がりを検出しています．符号はプラスです．

観測データ

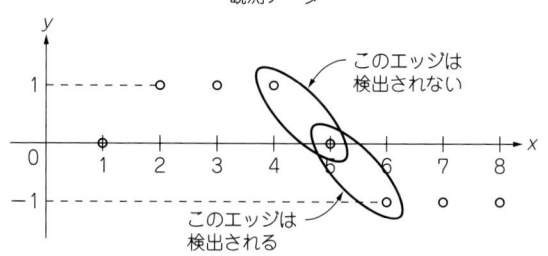

図5.9 エッジの検出

データ y において

$$y_4 = 1 \text{ から } y_5 = 0$$

という立ち下がりエッジがあります．

図5.9に示すように，このエッジは検出されません．

なぜでしょうか．

(5.7) 式の右辺の行列を見てください．

ウェーブレットは，**図5.2**に示したように，2コマ移動して並べます．

このため，

奇数番から始まるエッジは，検出できる

けれども，

偶数番から始まるエッジは，検出できない

ことになります．

観測データを1コマ移動して，例えば，

$$y_2, \ y_3, \ ..., \ y_8, \ y_1$$

として再計算すると，このエッジは検出できます．

しかし，今度は奇数番から始まるエッジを検出できません．

Haarの変換行列は，正規直交行列です．

正規直交行列の逆行列は，存在します．

正規直交行列の逆行列は，**転置行列**です．

計算したウェーブレットに対して，Haarの変換行列の転置行列を掛けると，元の観測データが復元します．

逆変換の計算式は，

$$\begin{bmatrix} y_1 \\ y_2 \\ y_3 \\ y_4 \\ y_5 \\ y_6 \\ y_7 \\ y_8 \end{bmatrix} = \begin{bmatrix} \frac{1}{\sqrt{8}} & \frac{1}{\sqrt{8}} & \frac{1}{2} & 0 & \frac{1}{\sqrt{2}} & 0 & 0 & 0 \\ \frac{1}{\sqrt{8}} & \frac{1}{\sqrt{8}} & \frac{1}{2} & 0 & -\frac{1}{\sqrt{2}} & 0 & 0 & 0 \\ \frac{1}{\sqrt{8}} & \frac{1}{\sqrt{8}} & \frac{1}{2} & 0 & 0 & \frac{1}{\sqrt{2}} & 0 & 0 \\ \frac{1}{\sqrt{8}} & \frac{1}{\sqrt{8}} & \frac{1}{2} & 0 & 0 & -\frac{1}{\sqrt{2}} & 0 & 0 \\ \frac{1}{\sqrt{8}} & -\frac{1}{\sqrt{8}} & 0 & \frac{1}{2} & 0 & 0 & \frac{1}{\sqrt{2}} & 0 \\ \frac{1}{\sqrt{8}} & -\frac{1}{\sqrt{8}} & 0 & \frac{1}{2} & 0 & 0 & -\frac{1}{\sqrt{2}} & 0 \\ \frac{1}{\sqrt{8}} & -\frac{1}{\sqrt{8}} & 0 & \frac{1}{2} & 0 & 0 & 0 & \frac{1}{\sqrt{2}} \\ \frac{1}{\sqrt{8}} & -\frac{1}{\sqrt{8}} & 0 & \frac{1}{2} & 0 & 0 & 0 & -\frac{1}{\sqrt{2}} \end{bmatrix} \begin{bmatrix} w_1 \\ w_2 \\ w_3 \\ w_4 \\ w_5 \\ w_6 \\ w_7 \\ w_8 \end{bmatrix}$$

です．

Scilabで確認します．

画面5.4に示すように，逆行列を用意します．

画面5.5に示すように，観測データを用意して，ウェーブレット変換を行います．

画面5.6に示すように，ウェーブレット係数に対して逆行列（すなわち，転置行列）を作用すると，元の観測データを復元します．

```
-->f'
 ans  =

    0.3535534    0.3535534    0.5    0.    0.7071068    0.           0.           0.
    0.3535534    0.3535534    0.5    0.  - 0.7071068    0.           0.           0.
    0.3535534    0.3535534  - 0.5    0.    0.           0.7071068    0.           0.
    0.3535534    0.3535534  - 0.5    0.    0.         - 0.7071068    0.           0.
    0.3535534  - 0.3535534    0.     0.5   0.           0.           0.7071068    0.
    0.3535534  - 0.3535534    0.     0.5   0.           0.         - 0.7071068    0.
    0.3535534  - 0.3535534    0.   - 0.5   0.           0.           0.           0.7071068
    0.3535534  - 0.3535534    0.   - 0.5   0.           0.           0.         - 0.7071068
```

画面5.4　Haarの逆行列

```
-->y
 y  =

    0.
    1.
    1.
    1.
    0.
  - 1.
  - 1.
  - 1.

-->w=f*y
 w  =

    0.
    2.1213203
  - 0.5
    0.5
  - 0.7071068
    0.
    0.7071068
    0.
```

画面5.5　ウェーブレット変換

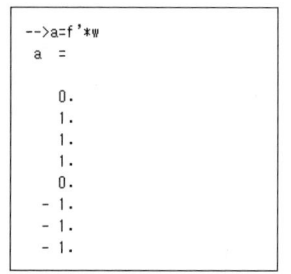

```
-->a=f'*w
 a  =

    0.
    1.
    1.
    1.
    0.
  - 1.
  - 1.
  - 1.
```

画面5.6　観測データの復元

5.4 ── Wavelet Toolbox

　Scilabにウェーブレットのツール・ボックス (Wavelet Toolbox) があるので，これを使って前節の計算結果を検証します。

　Wavelet Toolboxは，標準ではインストールされていないので，追加でインストールします。

　画面5.7に示すように，SorceForgeのサイト，

画面5.7　sorceforgeのサイト

画面5.8　メニューによる確認

```
http://scwt.sorceforge.net/
```

へアクセスします．

　[Download]のタブをクリックして，必要なファイルをダウンロード後，解凍して，インストールします．

　Scilabのメニュー，[ツール・ボックス]をクリックします．

　画面5.8に示すように，

```
swt
```

がポップアップします．

　これでウェーブレットのツール・ボックスが使用できる状態になりました．

　コマンドラインから，**画面5.9**に示すように，

画面5.9
コマンドライン
から入力

```
-->y
 y =

    0.
    1.
    1.
    1.
    0.
  - 1.
  - 1.
  - 1.
-->[a,b]=wavedec(y,2,'haar')
 b =

    2.    2.    4.    8.
 a =

    1.5  - 1.5  - 0.5   0.5  - 0.7071068   0.   0.7071068   0.
```

```
-->[a,b]=wavedec(y,2,'haar')
```

と入力します.

ツール・ボックスのwavedec()を使って，レベル2までのウェーブレット係数を計算しました.

計算結果は，左辺の a に格納されます.

wavedec()の引き数は，

y	観測データ
2	計算のレベル
'haar'	ウェーブレットの名前

です.

引き数において，計算のレベル1を指定すると，(5.7)式のレベル1のウェーブレット，

w_5, w_6, w_7, w_8

を計算します.

引き数において，計算のレベル2を指定すると，(5.7)式のレベル1とレベル2のウェー

画面5.10
入力データ不正

```
-->y=[0 1 1 1 0 -1 -1 -1]
 y  =

   0.   1.   1.   1.   0. - 1. - 1. - 1.

-->[a,b]=wavedec(y,3,'haar')
Input signal is not valid for selected decompostion level and wavelets!
 a  =

   0.   1.   1.   1.   0. - 1. - 1. - 1.
```

ブレット,

w_3, w_4, w_5, w_6, w_7, w_8

を計算します.

コマンドラインにおいて, レベル2を指定したので,

w_3 から w_8

のウェーブレットを計算しました.

これらの値(**画面5.3**と**画面5.9**)は, 前節の計算結果と確かに一致します.

> **注意** 計算のレベル2を指定したので, レベル3とレベル4は計算しません. したがって, w_1とw_2の値は一致しません.

コマンドラインにおいて,

```
-->[a,b]=wavedec(y,3,'haar')
```

と入力します.

画面5.10に示すように, 入力データは不正というメッセージがプリントされます.

レベル3の計算は, Scilabのツール・ボックスでは実行できません.

ウェーブレットのレベルごとに計算を進めることも可能です.

コマンドラインから,

```
-->[v1,w1]=dwt(y,'haar')
  w1 =

  - 0.7071068    0.    0.7071068    0.
  v1 =

    0.7071068    1.4142136  - 0.7071068  - 1.4142136
```

画面5.11　レベル1の計算

```
-->[v2,w2]=dwt(v1,'haar')
  w2 =

  - 0.5    0.5
  v2 =

    1.5  - 1.5
```

画面5.12　レベル2の計算

```
-->[v1,w1]=dwt(y,'haar')
```

と入力します．**画面5.11**に示すように，レベル1の計算結果がプリントされます．
w1は，

$w_5, \ w_6, \ w_7, \ w_8$

に対応します．
　v1は，次のレベルを計算する際に使用します．
　レベル2の計算を行います．
　コマンドラインから，**画面5.12**に示すように，

```
-->[v2,w2]=dwt(v1,'haar')
```

と入力します．
　関数dwtの最初の引き数は，レベル1において計算した，v1です．yではありません．ここに注意してください．
　w2は，レベル2のウェーブレットです．
　v2は，次のレベルを計算する際に使用します．
　コマンドラインから，

```
-->[v3,w3]=dwt(v2,'haar')
```

と入力します．**画面5.13**に示すように，計算は拒否されます．

```
-->[v3,w3]=dwt(v2,'haar')
 Input signal is not valid for selected decompostion level and wavelets!
 v3  =

    1.5   - 1.5
```

画面5.13　計算は拒否

```
-->y
 y  =

    0.
    1.
    1.
    1.
    0.
  - 1.
  - 1.
  - 1.
-->[w,v]=dwt(y,'haar')
 v  =

  - 0.7071068    0.    0.7071068    0.
 w  =

    0.7071068    1.4142136   - 0.7071068   - 1.4142136
-->z=idwt(w,v,'haar')
 z  =

    0.    1.    1.    1.    0.   - 1.   - 1.   - 1.
```

画面5.14　逆変換

逆変換（ウェーブレットから観測データを計算）します．
コマンドラインから，

```
-->[v,w]=dwt(y,'haar')
```

と入力して，ウェーブレットvとwを計算します．
続いて，コマンドラインから，

```
-->z=idwt(v,w,'haar')
```

と入力します．**画面5.14**に示すように，最初のデータyをzとして復元しました．

5.5 ── Daubechies

ウェーブレット・ツールボックスを使って，Daubechiesのウェーブレットを計算行します．

要素2のウェーブレットは，Haarのウェーブレットです．Haarのウェーブレット以外に，要素2のウェーブレットはありません．

要素4のDaubechiesウェーブレット，

```
db2
```

を使います．

Scilabのコマンドラインから，

```
-->[LoF_D,HiF_D,LoF_R,HiF_R]=wfilters('db2')
```

と入力します．

画面5.15に示すように，db2のフィルタが表示されます．

ここで，記号は，

LoF	ローパス・フィルタ (Lowpass Filter)
HiF	ハイパス・フィルタ (Highpass Filter)
D	分解 (decomposition)
R	復元 (reconstruction)

です．

観測データから，ウェーブレットを計算する際には，

```
LoF_D と HiF_D
```

を使います．

```
-->[LoF_D,HiF_D,LoF_R,HiF_R]=wfilters('db2')
  HiF_R =

   - 0.1294095   - 0.2241439     0.8365163   - 0.4829629
  LoF_R =

     0.4829629     0.8365163     0.2241439   - 0.1294095
  HiF_D =

   - 0.4829629     0.8365163   - 0.2241439   - 0.1294095
  LoF_D =

   - 0.1294095     0.2241439     0.8365163     0.4829629
```

画面5.15 db2のフィルタ

ウェーブレットから,観測データを復元する際には,

LoF_RとHiF_R

を使います.

画面5.15において,LoF_Rを左右反転するとLoF_Dになります.

HiF_Rを左右反転するとHiF_Dになります.

コマンドラインから,

```
-->[LoF_D,HiF_D]=wfilters('db2','d')
```

と入力すると,**画面5.16**に示すように,分解のフィルタがプリントされます.

コマンドラインから,

```
-->[LoF_R,HiF_R]=wfilters('db2','r')
```

と入力すると,**画面5.17**に示すように,復元のフィルタがプリントされます.

観測データとして,参考文献(1)の**表3-1**(p.41)のデータを使用します.

画面5.18に示すように,データxを作成します.

コマンドラインから,

```
-->[cA,cD]=dwt(x,'db2')
```

```
-->[LoF_D,HiF_D]=wfilters('db2','d')
 HiF_D  =

  - 0.4829629    0.8365163  - 0.2241439  - 0.1294095
 LoF_D  =

  - 0.1294095    0.2241439    0.8365163    0.4829629
```

画面5.16　分解のフィルタ

```
-->[LoF_R,HiF_R]=wfilters('db2','r')
 HiF_R  =

  - 0.1294095  - 0.2241439    0.8365163  - 0.4829629
 LoF_R  =

    0.4829629    0.8365163    0.2241439  - 0.1294095
```

画面5.17　復元のフィルタ

```
-->x
 x  =

    0.639369
  - 0.22525
    0.497502
    0.720041
  - 0.49257
  - 0.67678
    0.708388
    0.266648
    0.547993
    0.428945
    0.637216
  - 0.11235
    0.196322
  - 0.43448
    0.675378
  - 0.4246
```

画面5.18　データxを作成

```
-->[cA,cD]=dwt(x,'db2')
 cD  =

   0.5294688    0.0361634  - 0.3109575    0.6792364    0.0998009    0.4202416    0.3167850    0.8420109  - 0.6735962
 cA  =

   0.5985153    0.1386981    0.8197763  - 0.6797565    0.6325002    0.780847    0.3139993  - 0.0623042  - 0.2115741
```

画面5.19　ウェーブレットの計算

と入力します.

画面5.19に示すように,ウェーブレットを計算します.

画面において,

cD　　詳細 (detail)
cA　　近似 (approximation)

です.

いずれも,9個の数がプリントされています.

両端の2個のウェーブレットを計算する際には,ウェーブレットは**図5.10**に示すように,観測データから飛び出します.

両端を除いた中央の7個は,観測データを完全にカバーします.

図5.10　両端のウェーブレットの計算

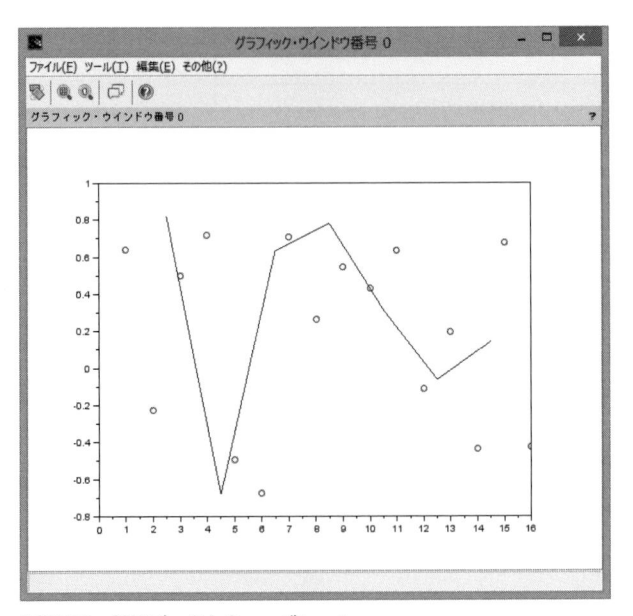

画面5.20　観測データとウェーブレット

観測データとcDを**画面5.20**に示すように，グラフにプロットします．

cDは，実線によって連結します．

両端のウェーブレットは表示していません．

観測データの位置は，○で示します．

5.6 —— ウェーブレットの作り方

HaarとDaubechiesのdb2を紹介したので，今度は，

ウェーブレットの自作

にチャレンジします.

小さなウェーブレットを作ります.
要素2のウェーブレットは, Haarのウェーブレットです.
要素2のウェーブレットは, Haar以外にありません.
ウェーブレットの要素数は偶数です.
要素3のウェーブレットを作ることはできません.
自作するウェーブレットの要素は, 4とします.
ウェーブレットの名前を,

> my4

とします.

my4の構成要素を,

$$a_0, \ a_1, \ a_2, \ a_3 \quad \cdots\cdots\cdots\cdots\cdots\cdots\cdots\cdots\cdots\cdots\cdots\cdots\cdots (5.8)$$

とします.

ここで, 先頭と最後尾の要素は,

$$a_0 \neq 0, \ a_3 \neq 0 \quad \cdots\cdots\cdots\cdots\cdots\cdots\cdots\cdots\cdots\cdots\cdots\cdots\cdots (5.9)$$

という条件付です. これを第1の条件とします.

もし,

$$a_0 = a_1 = 0$$

ならば, (5.8)式は要素2のウェーブレットになります. 要素4のウェーブレットではありません.

第2の条件は,

$$a_0 + a_1 + a_2 + a_3 = 0 \quad \cdots\cdots\cdots\cdots\cdots\cdots\cdots\cdots\cdots\cdots\cdots\cdots\cdots (5.10)$$

です．ウェーブレットの要素の総和は0です．
　行列が**正規**の条件は，

$$a_0^2 + a_1^2 + a_2^2 + a_3^2 = 1 \quad \cdots\cdots\cdots\cdots\cdots\cdots\cdots\cdots\cdots\cdots\cdots\cdots (5.11)$$

です．これが第3の条件です．
　第4の条件は，**直交**の条件です．
　変換行列が直交するためには，

$$a_0 a_2 + a_1 a_3 = 0 \quad \cdots\cdots\cdots\cdots\cdots\cdots\cdots\cdots\cdots\cdots\cdots\cdots (5.12)$$

です．
　(5.11)式は，強い条件ではありません．数値を決めた後に，調整可能です．
　実際に，考慮する条件は，(5.10)式と(5.12)式です．
　この2式は，絶対に成立しなければいけません．
　(5.10)式を見てください．
　4個の数の和が0になるためには，四つの係数が，

$$+,\ +,\ +,\ + \text{あるいは，} -,\ -,\ -,\ -$$

というように，同符号は不可です．
　プラスとマイナスの係数が混在する必要があります．
　(5.12)式を見ると，プラス2個，マイナス2個，

$$+,\ +,\ -,\ -$$

もだめです．
　これらをどのように配置しても，(5.12)式は0になりません．
　生き残ったのは，プラス符号1個，あるいはマイナス符号1個，

$$+,\ -,\ -,\ -\text{あるいは，}+,\ +,\ +,\ -$$

という組み合わせです.

未定係数は4，条件式は2なので，2個の要素は自由に選択できます.

いま，仮に，

$$a_0 = 1$$
$$a_1 = 2$$

とします.

この値を，(5.10)式へ代入すると，

$$3 + a_2 + a_3 = 0$$

となります.

(5.12)式へ代入すると，

$$a_2 + 2a_3 = 0$$

となります.

これらを連立方程式として解くと，

$$a_2 = -6$$
$$a_3 = 3$$

となります.

答えは，

$$a_0 = 1, \ a_1 = 2, \ a_2 = -6, \ a_3 = 3 \quad \cdots\cdots\cdots\cdots\cdots\cdots\cdots\cdots\cdots\cdots\cdots (5.13)$$

となります. 検算すると，

$$1 + 2 - 6 + 3 = 0$$

$$1 \times (-6) + 2 \times 3 = 0$$

となるので，必要条件を満足しています．

残る条件は，**正規**の条件です．

(5.13) 式の2乗和は，

$$1^2 + 2^2 + (-6)^2 + 3^2 = 50$$

です．したがって，最終的な答えは，(5.13) 式を $\sqrt{50}$ あるいは $5\sqrt{2}$ で割り算して，

$$
\begin{aligned}
a_0 &= \frac{1}{5\sqrt{2}} \\
a_1 &= \frac{2}{5\sqrt{2}} \\
a_2 &= -\frac{6}{5\sqrt{2}} \\
a_3 &= \frac{3}{5\sqrt{2}}
\end{aligned} \quad \cdots\cdots (5.14)
$$

となります．

5.7 —— ピラミッド・アルゴリズム

要素4のウェーブレットmy4を自作しました．

これで，変換行列の下半分はできました．

ところで，(5.7) 式の変換行列の上半分は，どのようにして作ればよいでしょうか．

観測データ y の個数を1000とすれば，行列は 1000×1000 です．

下の500行は，(5.14) 式から構成します．

では，上の500行は，どのように構成するのでしょうか．

この問いに答えるのが，**ピラミッド・アルゴリズム**［(pyramid algorithm，文献(2)］です．
ウェーブレット係数の数を4，観測データの数を8として，ピラミッド・アルゴリズム

を具体的に説明します.

データの数が8なので,最初に8×8の変換行列を作り,

$$\begin{bmatrix} u_1 \\ u_2 \\ u_3 \\ u_4 \\ w_5 \\ w_6 \\ w_7 \\ w_8 \end{bmatrix} = \begin{bmatrix} a_2 & -a_3 & 0 & 0 & 0 & 0 & a_0 & -a_1 \\ a_0 & -a_1 & a_2 & -a_3 & 0 & 0 & 0 & 0 \\ 0 & 0 & a_0 & -a_1 & a_2 & -a_3 & 0 & 0 \\ 0 & 0 & 0 & 0 & a_0 & -a_1 & a_2 & -a_3 \\ a_1 & a_0 & 0 & 0 & 0 & 0 & a_3 & a_2 \\ a_3 & a_2 & a_1 & a_0 & 0 & 0 & 0 & 0 \\ 0 & 0 & a_3 & a_3 & a_1 & a_0 & 0 & 0 \\ 0 & 0 & 0 & 0 & a_3 & a_2 & a_1 & a_0 \end{bmatrix} \begin{bmatrix} y_1 \\ y_2 \\ y_3 \\ y_4 \\ y_5 \\ y_6 \\ y_7 \\ y_8 \end{bmatrix} \quad \cdots\cdots (5.15)$$

と計算します.

(5.15)式の右辺の変換行列を見ます.

この変換行列の下4行は,ウェーブレット,

$a_3,\ a_2,\ a_1,\ a_0$

を2コマ右へシフトして並べます.

これを単にウェーブレット,あるいはウェーブレット係数を計算するためのハイパス・フィルタと呼びます.

最初の行において,ウェーブレットのa_1, a_0は行列からはみ出すので,これらは先頭へ回します.

観測データは,リング状に接続しているとして処置します.

(5.15)式の左辺の,

$w_5,\ w_6,\ w_7,\ w_8$

は,レベル1のウェーブレット係数です.

この変換行列の上半分は,ウェーブレットの並びを逆順にして,符号を変えた,

$a_0,\ -a_1,\ a_2,\ -a_3$ $\cdots\cdots\cdots\cdots\cdots\cdots\cdots\cdots\cdots\cdots\cdots\cdots\cdots\cdots$ (5.16)

図5.11 リング状の接続

リング状に接続：$y_1, y_2, y_3, y_4, y_5, y_6, y_7, y_8$

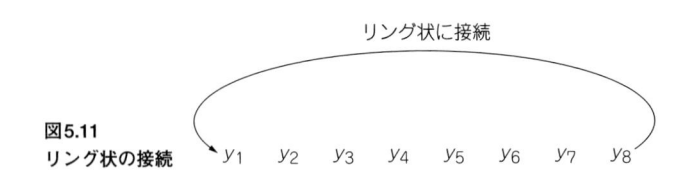

を置きます。

(5.16)を，**スケーリング・フィルタ**(scaling filter)，あるいはウェーブレット係数を計算するためのローパス・フィルタと呼びます。

ピラミッド・アルゴリズムの変換行列は，

> ローパス・フィルタ
> ハイパス・フィルタ

を上と下に置いて構成します。

以上，レベル1のウェーブレットの計算を見ました。

次に，レベル2のステージへ進みます。

レベル2の計算式は，

$$\begin{bmatrix} v_1 \\ v_2 \\ w_3 \\ w_4 \end{bmatrix} = \begin{bmatrix} a_2 & -a_3 & a_0 & -a_1 \\ a_0 & -a_1 & a_2 & -a_3 \\ a_1 & a_0 & a_3 & a_2 \\ a_3 & a_2 & a_1 & a_0 \end{bmatrix} \begin{bmatrix} u_1 \\ u_2 \\ u_3 \\ u_4 \end{bmatrix} \quad \cdots (5.17)$$

です。

(5.17)式において，右辺のデータ，

> u_1, u_2, u_3, u_4

は，(5.16)式において計算した数値です。

(5.17)式の右辺の行列は，(5.15)式と同じルールを使って構成します。

これ以上，変換行列をダウンサイズすることができないので，計算を停止します。

ピラミッド・アルゴリズムを検証します。

5.3節において，(5.7)式を使いHaarのウェーブレット係数を計算しました(p.156)．同じデータに対して，ピラミッド・アルゴリズムを適用します．

Haarのウェーブレットにおいて，

ローパス・フィルタ　$\dfrac{1}{\sqrt{2}}, \dfrac{1}{\sqrt{2}}$

ハイパス・フィルタ　$\dfrac{1}{\sqrt{2}}, -\dfrac{1}{\sqrt{2}}$

です．

最初の計算式は，

$$\begin{bmatrix} v_1 \\ v_2 \\ v_3 \\ v_4 \\ w_5 \\ w_6 \\ w_7 \\ w_8 \end{bmatrix} = \begin{bmatrix} \frac{1}{\sqrt{2}} & \frac{1}{\sqrt{2}} & 0 & 0 & 0 & 0 & 0 & 0 \\ 0 & 0 & \frac{1}{\sqrt{2}} & \frac{1}{\sqrt{2}} & 0 & 0 & 0 & 0 \\ 0 & 0 & 0 & 0 & \frac{1}{\sqrt{2}} & \frac{1}{\sqrt{2}} & 0 & 0 \\ 0 & 0 & 0 & 0 & 0 & 0 & \frac{1}{\sqrt{2}} & \frac{1}{\sqrt{2}} \\ \frac{1}{\sqrt{2}} & -\frac{1}{\sqrt{2}} & 0 & 0 & 0 & 0 & 0 & 0 \\ 0 & 0 & \frac{1}{\sqrt{2}} & -\frac{1}{\sqrt{2}} & 0 & 0 & 0 & 0 \\ 0 & 0 & 0 & 0 & \frac{1}{\sqrt{2}} & -\frac{1}{\sqrt{2}} & 0 & 0 \\ 0 & 0 & 0 & 0 & 0 & 0 & \frac{1}{\sqrt{2}} & -\frac{1}{\sqrt{2}} \end{bmatrix} \begin{bmatrix} y_1 \\ y_2 \\ y_3 \\ y_4 \\ y_5 \\ y_6 \\ y_7 \\ y_8 \end{bmatrix} \quad \cdots\cdots\cdots (5.18)$$

です．

画面5.21に示すように，変換行列gを作成します．

画面5.22に示すように，観測データyを作成して，gに掛け算します．

画面5.22のuと，**画面5.3**の解wを比較してください．

```
-->g
 g =

    0.7071068    0.7071068    0.           0.           0.           0.           0.           0.
    0.           0.           0.7071068    0.7071068    0.           0.           0.           0.
    0.           0.           0.           0.           0.7071068    0.7071068    0.           0.
    0.           0.           0.           0.           0.           0.           0.7071068    0.7071068
    0.7071068  - 0.7071068    0.           0.           0.           0.           0.           0.
    0.           0.           0.7071068  - 0.7071068    0.           0.           0.           0.
    0.           0.           0.           0.           0.7071068  - 0.7071068    0.           0.
    0.           0.           0.           0.           0.           0.           0.7071068  - 0.7071068
```

画面 5.21 変換行列

```
-->y=[0;1;1;1;0;-1;-1;-1]
 y =

    0.
    1.
    1.
    1.
    0.
  - 1.
  - 1.
  - 1.

-->u=g*y
 u =

    0.7071068
    1.4142136
  - 0.7071068
  - 1.4142136
  - 0.7071068
    0.
    0.7071068
    0.
```

画面 5.22 レベル1の計算

```
-->u=g*y
 u =

    0.7071068
    1.4142136
  - 0.7071068
  - 1.4142136
  - 0.7071068
    0.
    0.7071068
    0.

-->g2
 g2 =

    0.7071068    0.7071068    0.           0.
    0.           0.           0.7071068    0.7071068
    0.7071068  - 0.7071068    0.           0.
    0.           0.           0.7071068  - 0.7071068

-->v=g2*u([1:4])
 v =

    1.5
  - 1.5
  - 0.5
    0.5
```

画面 5.23 レベル2の計算

```
-->v=g2*u([1:4])
 v =

    1.5
  - 1.5
  - 0.5
    0.5

-->g3=[g2(1,1) g2(1,2);g2(3,1) g2(3,2)]
 g3 =

    0.7071068    0.7071068
    0.7071068  - 0.7071068

-->z=g3*v([1:2])
 z =

    0.
    2.1213203
```

画面 5.24 レベル3の計算

下位4個の数値（レベル1のウェーブレット）は，確かに一致しています．
では，レベル2の計算に入ります．
計算式は，

$$\begin{bmatrix} v_1 \\ v_2 \\ w_3 \\ w_4 \end{bmatrix} = \begin{bmatrix} \frac{1}{\sqrt{2}} & \frac{1}{\sqrt{2}} & 0 & 0 \\ 0 & 0 & \frac{1}{\sqrt{2}} & \frac{1}{\sqrt{2}} \\ \frac{1}{\sqrt{2}} & -\frac{1}{\sqrt{2}} & 0 & 0 \\ 0 & 0 & \frac{1}{\sqrt{2}} & -\frac{1}{\sqrt{2}} \end{bmatrix} \begin{bmatrix} u_1 \\ u_2 \\ u_3 \\ u_4 \end{bmatrix} \quad \cdots\cdots (5.19)$$

です．

画面5.23に示すように計算を進めます．

まず，レベル1の計算結果をuに格納します．

続いて，(5.19)式の変換行列g2を作成します．

変換行列g2とuを掛け算します．ただし，uは4行1列のベクトルに整形します．

v(3)はw_3，v(4)はw_4と一致します．

レベル3の計算を行います．

計算式は，

$$\begin{bmatrix} w_1 \\ w_2 \end{bmatrix} = \begin{bmatrix} \frac{1}{\sqrt{2}} & \frac{1}{\sqrt{2}} \\ \frac{1}{\sqrt{2}} & -\frac{1}{\sqrt{2}} \end{bmatrix} \begin{bmatrix} v_1 \\ v_2 \end{bmatrix} \quad \cdots\cdots (5.20)$$

です．

画面5.24に示すように計算を進めます．

画面5.3の1行目と2行目の数値と一致します．

ピラミッド・アルゴリズムの検証を続けます．

5.5節（p.171）において，ウェーブレット・ツール・ボックスを使って，Daubechiesの

```
-->mr
 mr  =

         column  1 to 8

   0.2241439  - 0.1294095    0.           0.           0.           0.           0.           0.
   0.4829629    0.8365163    0.2241439  - 0.1294095    0.           0.           0.           0.
   0.           0.           0.4829629    0.8365163    0.2241439  - 0.1294095    0.           0.
   0.           0.           0.           0.           0.4829629    0.8365163    0.2241439  - 0.1294095
   0.           0.           0.           0.           0.           0.           0.4829629    0.8365163
   0.           0.           0.           0.           0.           0.           0.           0.
   0.           0.           0.           0.           0.           0.           0.           0.
   0.           0.           0.           0.           0.           0.           0.           0.
   0.8365163  - 0.4829629    0.           0.           0.           0.           0.           0.
 - 0.1294095  - 0.2241439    0.8365163  - 0.4829629    0.           0.           0.           0.
   0.           0.         - 0.1294095  - 0.2241439    0.8365163  - 0.4829629    0.           0.
   0.           0.           0.           0.         - 0.1294095  - 0.2241439    0.8365163  - 0.4829629
   0.           0.           0.           0.           0.           0.         - 0.1294095  - 0.2241439
   0.           0.           0.           0.           0.           0.           0.           0.
   0.           0.           0.           0.           0.           0.           0.           0.
   0.           0.           0.           0.           0.           0.           0.           0.

         column  9 to 16

   0.           0.           0.           0.           0.           0.           0.4829629    0.8365163
   0.           0.           0.           0.           0.           0.           0.           0.
   0.           0.           0.           0.           0.           0.           0.           0.
   0.2241439  - 0.1294095    0.           0.           0.           0.           0.           0.
   0.4829629    0.8365163    0.2241439  - 0.1294095    0.           0.           0.           0.
   0.           0.           0.4829629    0.8365163    0.2241439  - 0.1294095    0.           0.
   0.           0.           0.           0.           0.4829629    0.8365163    0.2241439  - 0.1294095
   0.           0.           0.           0.           0.           0.         - 0.1294095  - 0.2241439
   0.           0.           0.           0.           0.           0.           0.           0.
   0.           0.           0.           0.           0.           0.           0.           0.
   0.           0.           0.           0.           0.           0.           0.           0.
   0.           0.           0.           0.           0.           0.           0.           0.
   0.8365163  - 0.4829629    0.           0.           0.           0.           0.           0.
 - 0.1294095  - 0.2241439    0.8365163  - 0.4829629    0.           0.           0.           0.
   0.           0.         - 0.1294095  - 0.2241439    0.8365163  - 0.4829629    0.           0.
   0.           0.           0.           0.         - 0.1294095  - 0.2241439    0.8365163  - 0.4829629
```

画面5.25　レベル1の変換行列

ウェーブレットを計算しました．

　ツール・ボックスの計算結果が，ピラミッド・アルゴリズムを使って計算した結果と一致するか検証します．

　5.5節において使用したデータの数は16なので，**画面5.25**に示すように，16×16の変換行列を作ります．

　続いて，**画面5.26**に示すように，作成した変換行列とデータを掛け算します．

　表5.2に，ツール・ボックスの計算値（**画面5.19**，p.173），ピラミッド・アルゴリズムの

```
-->x
 x =

    0.639369
  - 0.22525
    0.497502
    0.720041
  - 0.49257
  - 0.67678
    0.708388
    0.266648
    0.547993
    0.428945
    0.637216
  - 0.11235
    0.196322
  - 0.43448
    0.675378
  - 0.4246

-->mr*x
 ans =

    0.1434578
    0.1386981
    0.8197763
  - 0.6797565
    0.6325002
    0.780847
    0.3139993
  - 0.0623042
    0.6514011
    0.0361634
  - 0.3109575
    0.6792364
    0.0998009
    0.4202416
    0.3167850
    0.8420109
```

画面5.26
ウェーブレットの計算

表5.2 ツール・ボックスの計算値とピラミッド・アルゴリズムの計算値

ツール・ボックス cDの計算値	ピラミッド・アルゴリズム
0.5294688	0.6514011
0.0361634	0.0361634
− 0.3109575	− 0.3109575
0.6792364	0.6792364
0.0998009	0.0998009
0.4202416	0.4202416
0.3167850	0.3167850
0.8420109	0.8420109
− 0.6735962	−

計算値を列記します．

　ツール・ボックスの計算値は9個です．

　これに対して，ピラミッド・アルゴリズムの計算値は8個です．

　ツール・ボックスの9行目の計算に対応する値は，ピラミッド・アルゴリズムには存在しません．

　ツール・ボックスの1行目の計算値は，ピラミッド・アルゴリズムの計算値と一致しません．

　表5.1の2〜8行目の7個の計算値は，一致します．

　観測データの両端に関する処理は，ツール・ボックスとピラミッド・アルゴリズムにお

```
-->a(4)=3/5/sqrt(2)
  a  =

     0.1414214
     0.2828427
  -  0.8485281
     0.4242641
```

画面5.27　my4のハイパス・フィルタ

```
-->b(4)=-a(1)
  b  =

     0.4242641
     0.8485281
     0.2828427
  -  0.1414214
```

画面5.28　my4のローパス・フィルタ

```
-->my4=m
 my4  =

   0.2828427  - 0.1414214    0.          0.          0.          0.          0.4242641    0.8485281
   0.4242641    0.8485281    0.2828427  - 0.1414214    0.          0.          0.           0.
   0.           0.           0.4242641    0.8485281    0.2828427  - 0.1414214    0.           0.
   0.           0.           0.           0.           0.4242641    0.8485281    0.2828427  - 0.1414214
 - 0.8485281    0.4242641    0.           0.           0.           0.           0.1414214    0.2828427
   0.1414214    0.2828427  - 0.8485281    0.4242641    0.           0.           0.           0.
   0.           0.           0.1414214    0.2828427  - 0.8485281    0.4242641    0.           0.
   0.           0.           0.           0.           0.1414214    0.2828427  - 0.8485281    0.4242641
```

画面5.29　my4の変換行列

いて異なります．
　このために，

> 両端の2個(すなわち，1行目と9行目)は不一致
> 2〜8行目の7個は一致

となります．
　5.5節において作成した，自作ウェーブレットを使って計算してみます．
　まず，**画面5.27**に示すように，ウェーブレットのハイパス・フィルタを用意します．
　画面5.28に示すように，スケーリングのローパス・フィルタを用意します．
　変換行列を画面5.29に示すように作成します．
　画面5.30に示すように，レベル1の係数を計算します．
　Waveletのツール・ボックスに，ウェーブレット係数を計算するルーチンがあるので，これを使います．
　my4のフィルタを使います．
　(5.15)式において，ハイパス・フィルタの並びを，

```
-->y={0 1 1 1 0 -1 -1 -1}
 y  =

   0.   1.   1.   1.   0. - 1. - 1. - 1.

-->y=y'
 y  =

   0.
   1.
   1.
   1.
   0.
 - 1.
 - 1.
 - 1.

-->my4*y
 ans  =

 - 1.4142136
   0.9899495
   1.4142136
 - 0.9899495
 - 5.551D-17
 - 0.1414214
   5.551D-17
   0.1414214
```

画面5.30 レベル1の計算

```
-->aa(4)=a(1)
 aa  =

   0.4242641
 - 0.8485281
   0.2828427
   0.1414214
```

画面5.31 ハイパス・フィルタ

```
-->bb(1)=b(4)
 bb  =

 - 0.1414214
   0.2828427
   0.8485281
   0.4242641
```

画面5.32 ローパス・フィルタ

```
-->[cA,cD]=dwt(y,bb,aa)
 cD  =

   0.5656854 - 0.1414214   5.551D-17   0.1414214 - 5.551D-17
 cA  =

   0.2828427   0.9899495   1.4142136 - 0.9899495 - 1.4142136
```

画面5.33 ウェーブレット係数

$a_3, \ a_2, \ a_1, \ a_0$

と置いたので，これと一致させるために，**画面5.31**に示すように，反転した変数aaを作成します．

同様に，ローパス・フィルタを**画面5.32**に示すように作成します．

コマンドラインから，

```
-->[cA,cD]=dwt(y,bb,aa)
```

と入力します．

画面5.33に示すように，レベル1のウェーブレット係数を計算します．

比較のために，**表5.3**にdwtの係数とピラミッド・アルゴリズムの係数を列記しました．

表5.3 dwtの係数と，ピラミッド・アルゴリズムの係数

dwt	ピラミッド
0.2828427	−1.4142136
0.9899495	0.9899495
1.4142136	1.4142136
−0.9899495	−0.9899495
−1.4142136	−
0.5656854	−5.551D−17
−0.1414214	−0.1414214
5.551D−17	5.551D−17
0.1414214	0.1414214
−5.551D−17	−

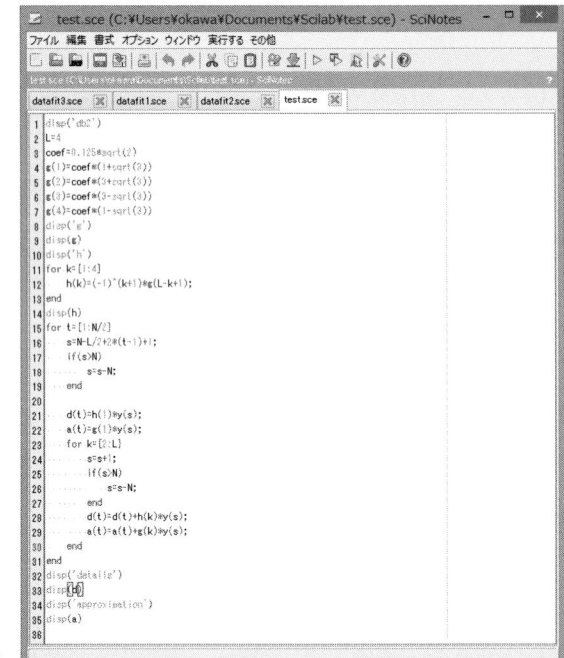

画面5.34
db2のプログラム

表5.1の場合と同様に，Approximationの3個とDetailの3個は一致します。

左右両端の値は一致しません。

実務において，データの数はかなり大きくなるので，両端2個の値の不一致は事実上，問題になりません。

5.8 —— プログラミング

ピラミッド・アルゴリズムの変換行列を毎回作成することは厄介なので，プログラムを作成します。

Daubechiesのウェーブレットdb2を使います。

メニューのアイコンをクリックして，SciNotesを起動します。

画面5.34に示すように，プログラムを書き込みます。

プログラムの名前は，

リスト5.1　ピラミッド・アルゴリズムの変換行列プログラム

```
L=4;
coef=0.125*sqrt(2);
g(1)=coef*(1+sqrt(3));
g(2)=coef*(3+sqrt(3));
g(3)=coef*(3-sqrt(3));
g(4)=coef*(1-sqrt(3));N=
disp('g')
disp(g)
disp('h')
for k=[1:4]
    h(k)=(-1)^(k+1)*g(L-k+1);
end
disp(h)
for t=[1:N/2]
    s=N-L/2+2*(t-1)+1;
    if(s>N)
        s=s-N;
    end
    d(t)=h(1)*y(s);
    a(t)=g(1)*y(s);
    for k=[2:L}
        s=s+1;
        if(s>N)
            s=s-N;
        end
        d(t)=d(t)+h(k)*y(s);
        a(t)=a(t)+g(k)*y(s);
    end
end
disp('details')
disp(d)
disp('approximation')
disp(a)
```

test.sce

とします．

　リスト5.1に，プログラムの内容を示します．

```
-->N=8
 N  =

    8.

-->y={1 1 1 1 -1 -1 -1 -1}
 y  =

    1.    1.    1.    1.  - 1.  - 1.  - 1.  - 1.

-->exec('test.sce')
```

画面5.35 プログラムの使用例

```
-->exec('C:\Users\okawa\Documents\Scilab\test.sce', -1)
警告: ファイル 'C:\Users\okawa\Documents\Scilab\test.sce' は既に Scilabで開かれています。

 g

   0.4829629    0.7071068    0.           0.           0.           0.           0.           0.
   0.8365163    0.           0.7071068    0.7071068    0.           0.           0.           0.
   0.2241439    0.           0.           0.           0.7071068    0.7071068    0.           0.
 - 0.1294095    0.           0.           0.           0.           0.           0.7071068    0.7071068
   0.7071068  - 0.7071068    0.           0.           0.           0.           0.           0.
   0.           0.           0.7071068  - 0.7071068    0.           0.           0.           0.
   0.           0.           0.           0.           0.7071068  - 0.7071068    0.           0.
   0.           0.           0.           0.           0.           0.           0.7071068  - 0.7071068

 h

 - 0.1294095
 - 0.2241439
   0.8365163
 - 0.4829629

 details

   0.7071068
 - 1.110D-16
 - 0.7071068
   1.110D-16

 approximation

 - 1.2247449
   1.4142136
   1.2247449
 - 1.4142136
```

画面5.36 結果のプリントアウト

db2のレベル1の計算を行います．

参考文献(1)の**リスト4.2**(p.74〜76)には，db2を任意のレベルに関して計算するプログラムが掲載されています．

表5.4　リスト5.1のプログラムで計算した係数とdwtの計算値

dwtの計算値	プログラムの計算値
5.551D−17	0.7071068
5.551D−17	−1.110D−16
−0.7071068	−0.7071068
−5.551D−17	1.110D−16
−5.551D−17	−
1.4142136	−1.2247449
1.4142136	1.4142136
1.2247449	1.2247449
−1.4142136	−1.4142136
−1.4142136	−

参考文献(1)のプログラムは，ExcelのVBAを使っています．
Excelのプログラムを，Scilab用に書き換えました．
観測データは，配列yに格納します．
データの数をNに格納します．
プログラム本体は，

```
test.sce
```

という名前を付けて保存します．

使用例を示します．
Scilabのコマンドラインから，**画面5.35**に示すように入力します．
結果を**画面5.36**に示します．
リスト5.1によって計算した係数とdwtの計算値を，**表5.4**に示します．
ApproximationおよびDetailは，これまで通り，中央の3個が一致します．

第6章
発見的解析

6.1 ── はじめに

膨大な資料を解析して，注目する場所を自動的に絞り出す，そういったプログラムを作ります．

6.2 ── 状況の設定

この章では，何を目的にするか，そこから議論を始めましょう．
A君は，深夜に自室で卒業論文の原稿を書いていました．
どこかで，「ガタン！」という音がしました．

図6.1
音に注意する

図6.2
飼い犬が吠えた

「オヤ？」と思って，手を止めて注意します．

机から離れて，音の方向へ行って何が起きたのか確かめました．

誰でも，こういった経験はあると思います．

ここで，人が，「オヤ？」と思うメカニズムについて考えます．

音がしたとしても，それが例えば，トラックが走り去る音であれば注意は払いません．トラックが，表通りを走りすぎることはよくあることです．

同様に，飼い犬が吠えたのであれば，これも聞き流します．

人は，

> これまでに経験したことがない音

を聞いたと判断すると，その原因を知るために行動を起こします．

　もう一つ，別の状況を考えてみましょう．

　B氏は検査技師です．

　ある研究所から大量の製品Aの調査を依頼されたとします．

　この製品Aは，何十年も前に作られ，現在でもたくさん使われています．

　数が膨大なので，すぐに全数を交換することはできません．

　この製品Aがまだ使えるかどうかを，製品Aの中心部の振動数から判断するわけです．

　個々の製品Aを測定した振動数のチャートが送られてくるので，これを検査するわけです．

図6.3　製品Aの振動数を測定

チャートに異常を見つけると，その製品Aの番号が載ったリストにチェックを入れます．

製品Aは，室内で使われたもの，屋外で使われたもの，山頂で使われたもの，海辺で使われたものなど，いろいろな環境で長い間使われてきました．

そういう状況下で使われてきたので，個体それぞれの現在の性能には随分と差異が見られ，振動数の波形は異なります．

そういった波形を与えられて，例えば，

何らかの異常がある

というような判断をして，交換することを決めます．

この判断のメカニズムは，どのようなものでしょうか．

例えば，Cさんは，天文学専攻です．

卒業論文をまとめる時期がきました．

研究室には，宇宙から飛来した電波のデータがあります．

膨大な量のデータです．

Cさんの卒業研究はこのデータを調べて，新星の誕生などのような突発的な事象を探すことです．

パソコンの画面に，電波の波形を表示します．

何の変化もありません．

図6.4　宇宙からの電波

同じような波形を，次から次へと調べます．
最初の2, 3日は，真剣に取り組みました．
しかし，データの量は一向に減りません．
単調な作業の繰り返しです．
100年かけても，与えられたデータ全部を調べることは不可能です．
Cさんの熱意は次第に冷えて，1週間後には調べなくなりました．
　……
Cさんは，頃を見計らって，「データを調べた結果，特別な現象はなかった」と指導教授に報告します．
教授は，「妥当な結果」と判断して，OKを出します．
すべては，まるく収まりました．
The Endです．
　……
Dさんは，研究室の実験助手です．
Dさんの給料は，教授の科学研究費から捻出されます．
経験を積んで，ゆくゆくは気象庁の職員になりたいと考えています．

Dさんは教授と違って学生と一緒にいるので，Cさんの行動をすべて承知しています．Cさんの行動が，とくに悪いことだとも思いません．

Dさんは，宇宙からの電波のデータをコンピュータに入力して処理することを考えます．電波のデータは，おそらく99.999999……％パーセントは同じものです．この中に，何か異なる波形が含まれているか，それを算出するプログラムを作ります．ひょっとして，ノーベル賞に値するような発見をするかもしれません．このアルゴリズムを，ここでは発見的解析のアルゴリズムと呼びます．

私たちはDさんと一緒に，この問題にチャレンジします．

難問であることは，十分承知の上です．

6.3 ── 観測データ

いくつかのサンプルを示したので，その解決法について考えます．

まず，ここでの前提は，

> 大量のデータ

処理です．

データの数が「大量」にあること，これが必須の条件です．

データの数が少量ならば，専門家がそのデータを直接処理することが最善です．人の判断に勝るものは，どこを探してもありません．

私たちの課題は，

> いかにして不要なデータを削り取るか

あるいは，

> 問題になると思われるデータを抽出するか

ということです．

大量のデータを，まずコンピュータに入力します．

図6.5
性質の異なるデータ

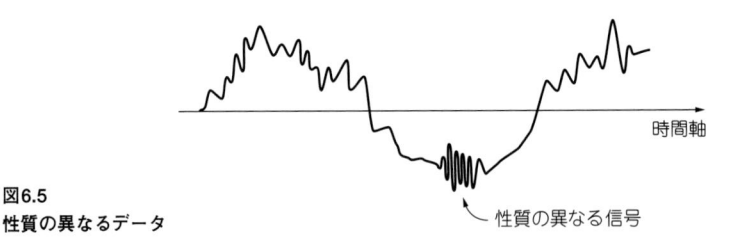

（時間軸／性質の異なる信号）

　コンピュータは，データをスキャンして「問題がない」と判断できれば，そのデータをすべて削除します．
　問題があると思われる場所を絞り込んで，これを出力します．
　専門家の負担は，大きく減ります．
　時間的な負担が減れば，それだけ真剣にデータの処理に取り組めます．
　問題は，どのようにしてデータを絞り込むかです．
　まず，観測したデータがあります．
　データの量は，膨大です．
　しかし，ほとんどのデータは同じデータの繰り返しです．
　データの一部に，性質の異なるデータが混入している可能性があります．
　全体とは異なる部分があれば，それを摘出するプログラムを作ります．
　これが，ここでの課題です．

6.4 ── 特徴の抽出と決定

　観測データから，異質な部分を抽出するアルゴリズムについて考察します．
　いま仮に，観測データが100万個あるとします．
　このデータに対して，第4章において述べたフーリエ解析を適用すると，100万個の複素数が算出されます．複素数は2個の実数からなるので，実数で言えば200万個の数になります．
　もし，何らかの理由によって，例えば，周波数が100kHz，……，150kHzを残して，その他は捨てることにすれば，データの数は一気に複素数50個に減ります．

$$1{,}000{,}000 \rightarrow 50$$

実数としても，100個です．

1,000,000 → 100

100万個の観測データは，100個の実数に変換されました．
データは，およそ4桁減ったことになります．
あるいは，パワーが一番大きい周波数を選ぶとすると，100万個のデータから1個のデータを選択することになります．

1,000,000 → 1

データ量は，6桁減ります．
このように，与えられたデータから別のデータを算出する過程を，

特徴抽出（feature extraction）

と呼びます．
しかし，注意してください．
特徴抽出は，結果として，観測データから多くの情報を切り捨てます．
データの，おそらく99.999……%を捨ててしまいます．
問題に適した特徴を抽出しなければ，目的とする事象を逃がすことになります．
与えられた問題に応じて，「それに適した特徴抽出のアルゴリズムを考える」，ここが最重要となるポイントです．
特徴抽出のアルゴリズムを決めたとします．
次に，抽出した特徴の時間変化を計算します．
特徴の時間変化を計算するために，観測データを区間に分割します（図6.6）．
ここにも，問題があります．
いま仮に，観測データは図6.7に示すように与えられたとします．
ゆっくりした波の一部に，激しく変化する波が乗っています．
明らかに，両者の周波数は異なります．
これにフーリエ変換を適用します．

図6.6
データの分割

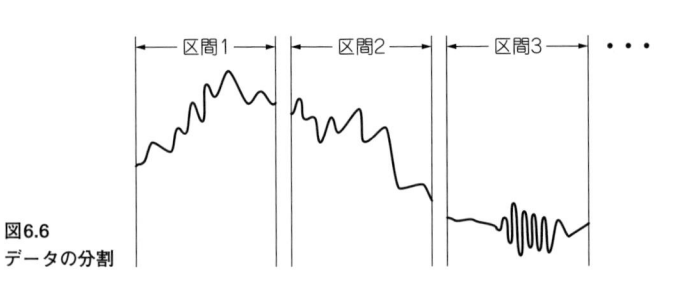

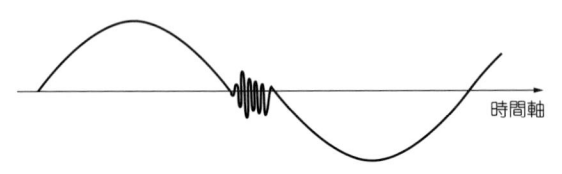

図6.7
観測データ

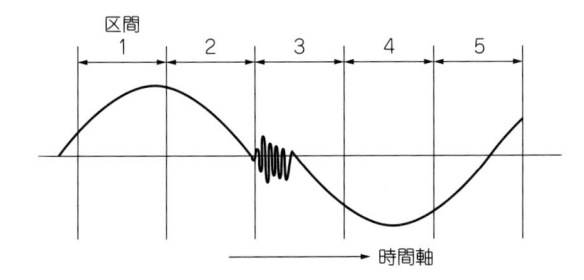

図6.8
区間に分割

　ただし，観測データの全体にフーリエ変換を適用しても，無意味です．
　部分的な波は，全体の波に飲み込まれて姿を消してしまいます．結果に反映されません．
　そこで，観測データをいくつかの区間に分割します．
　分割した区間において，独立にフーリエ変換を適用して，係数を計算します．
　つまり，区間ごとに特徴を抽出します．
　しかし，分割する区間の幅が問題になります．
　区間の幅が小さければ，通常の波の変動そのものが大きくなります．
　周波数の変動は，通常の波の変動に飲み込まれてしまいます．
　区間の幅が大きければ，周波数の変動は検出できません．
　区間の幅が適切であっても，**図6.9**に示したように，区間の端に問題の場所があると，結果は期待できません．

図6.9 区間の問題

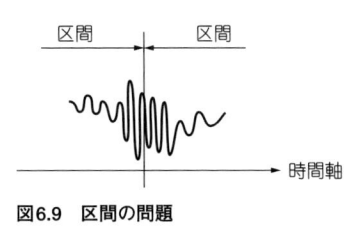

観測データから特徴を抽出する問題と観測データを区間に分割する問題は，通常，**試行錯誤**(trial and error)によって解決します．

とにかく，トライします．

その結果を分析して，次のトライに挑戦します．

トライを重ねて，一歩一歩，目的のゴールに迫ります．

観測データが与えられて，その特徴を算出するまでの過程を一般に，

前処理(pre-processing)

と呼びます．

前処理において，観測データを区間に分け，その区間において特徴を計算します．

区間ごとに特徴を計算したら，次はこれらの特徴の分布に関して検査します．

この過程を，

後処理(post-processing)

と呼びます．

前処理において算出した特徴は，数値の集まりです．

数学的に言うと，多次元空間のベクトルです．

この多次元空間を特に，

特徴空間(feature space)

と呼びます．

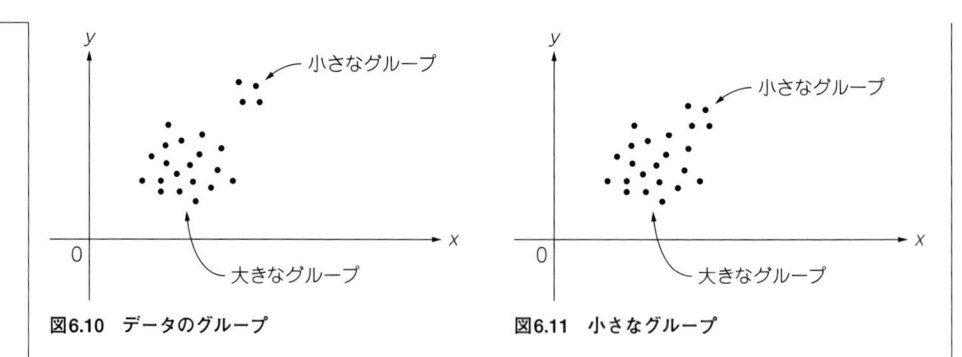

図6.10 データのグループ　　　　　　　図6.11 小さなグループ

後処理の主たる業務は，

> 特徴空間の点集合の調査

です．
　例えば，図6.10のように，データの大きなグループと，それとは別に小さなグループがあったとすると，小さなグループは，

> 通常とは異なる事象が発生している

と判断します．
　大きなグループの部分は捨てて，小さなグループの部分を抽出します．
　図6.11のように，大きなグループのごく近傍に，小さなグループがあるとします．この小さなグループが大きなグループの一部なのか，別のものなのかを判断することは，とても困難です．
　この手続きは，すでに統計学において形式化されています．
　後処理は，結局，特徴空間の点集合に対して，

> 統計学を適用する問題

に帰着します．
　統計学の分類に従うと，この問題は二つのカテゴリ，

サンプルありの場合
サンプルなしの場合

に分けることができます．

例えば，検査技師が製品Aの振動数のチャートを検査する場合で言えば，これは「サンプルありの場合」に入ります．

調査の依頼を受けた検査技師であれば，多くの製品Aの振動数のチャートを見ています．この経験を使って判断します．サンプルは十分にあります．

宇宙からの電波を解析する場合で言えば，これは「サンプルなしの場合」に属します．宇宙からどういった電波が飛んでくるかを，あらかじめ予測することは不可能です．

以下，サンプルありとサンプルなしの場合に分けて，処理のアルゴリズムを具体的に，述べます．

6.5 ── パラメトリック法

サンプルありの場合のアルゴリズムについて述べます．

ここで述べる手法は，統計学の分野において**パラメトリック法**（parametric method）と呼ばれています．

製品Aの振動数を解析するケースを事例サンプルとして取り上げます．

製品Aの振動数を記録する際には，製品Aにセンサを付けて振動数を記録します．

正常な製品Aの振動数は，およそ60Hz近傍です．

製品Aの振動数のデータを，例えば，1秒間に100点のレートでA-D変換します．

A-D変換したディジタル・データを離散フーリエ変換します．

フーリエ係数のパワーを計算します．

50Hz～70Hzのパワーを加算して，この値をAと置きます．

40Hz～50Hzのパワーと70Hz～80Hzのパワーを加算してBと置きます．

最後に，

$$f = \frac{B}{A} \quad \cdots\cdots\cdots\cdots\cdots\cdots\cdots\cdots\cdots\cdots\cdots\cdots\cdots\cdots\cdots\cdots (6.1)$$

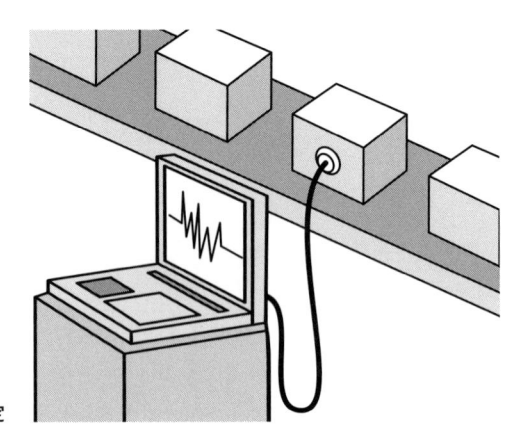

図6.12
製品Aの振動数の測定

を計算して，これを仮に**パワーレシオ**（power ratio）と呼びます．

> **注意**　(6.1)式は，アルゴリズムを説明するために作った，仮想的な数値を使った計算です．製品Aの振動数には意味はありません．

いまここに，正常な製品Aが50台と，正常ではない製品Aが20台あり，その振動数を測定した結果のチャートがあるとします．

このチャートに(6.1)式を適用して，振動数 f を計算したところ，**表6.1**の結果を得ました．

表6.1によると，正常な製品Aにおいて，振動数 f の計測値が20になる製品が2台あります．

正常ではない製品Aの1台の振動数は27です．

空欄は，該当なしです．

測定値から判断すると，

> 正常な製品Aの振動数 f は低い値になる

ということになります．ところが，

> 正常ではない製品Aのパワーレシオは高い値になる

表6.1 製造から数十年経った製品Aの振動数のサンプル
(計算式の説明のために作ったデータ)

パワーレシオ	正常な製品A	正常ではない製品A
20	2	
21	1	
22	3	
23	1	
24	6	
25	7	
26	8	
27	6	1
28	3	1
29	6	
30	5	2
31	2	2
32		4
33		3
34		1
35		2
36		1
37		1
38		1
39		
40		1
合計	50	20

```
-->data61
 data61  =

  20.   2.   0.
  21.   1.   0.
  22.   3.   0.
  23.   1.   0.
  24.   6.   0.
  25.   7.   0.
  26.   8.   0.
  27.   6.   1.
  28.   3.   1.
  29.   6.   0.
  30.   5.   2.
  31.   2.   2.
  32.   0.   4.
  33.   0.   3.
  34.   0.   1.
  35.   0.   2.
  36.   0.   1.
  37.   0.   1.
  38.   0.   1.
  39.   0.   0.
  40.   0.   1.
 999.  50.  20.
```

画面6.1　data61の入力

傾向があります．

　Scilabを使って，データの処理を進めます．

　まず，**表6.1**のデータを，**画面6.1**に示すようにdata61という名前で入力します．

　data61のグラフを**画面6.2**に示します．

　○は正常な製品A，×は正常ではない製品Aの数を示したグラフです．

　data61の最下行である総和の値を，**画面6.3**に示すようにチェックします．

　OKです．

画面6.2 測定値の分布

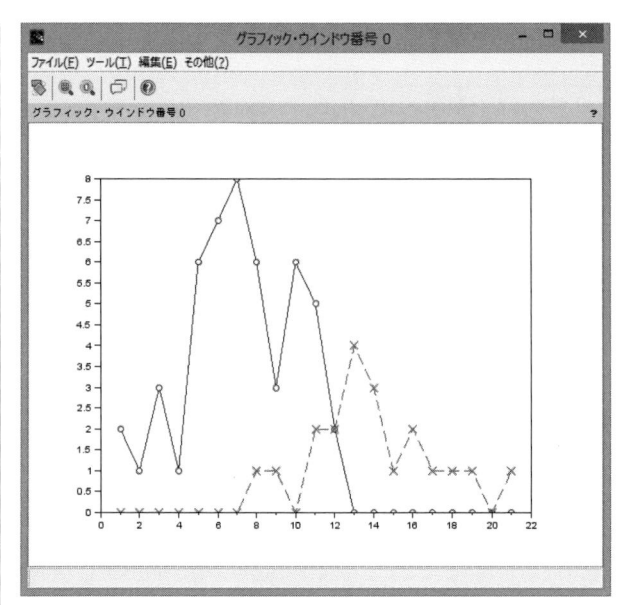

```
-->numN=sum(data61([1:21],2))
 numN =

    50.

-->numN=sum(data61([1:21],3))
 numN =

    20.
```

画面6.3 総和のチェック

```
-->sumN=0;for i=[1:21],sumN=sumN+data61(i,1)*data61(i,2);end,aveN=sumN/data61(22,2)
 aveN =

    26.18
-->sumA=0;for i=[1:21],sumA=sumA+data61(i,1)*data61(i,3);end,aveA=sumA/data61(22,3)
 aveA =

    32.95
```

画面6.4 平均値の計算

画面6.4に示すように，平均値を計算します．

ここで，aveNは正常な製品Aの振動数比 f の平均値，aveAは正常ではない製品Aの振動数比 f の平均値です．

画面6.5に示すように，標準偏差を計算します．

表6.2に，計算結果をまとめます．

統計学の公式によると，平均値 μ ，標準偏差 σ の正規分布は，

```
-->sum=0;for i=[1:21],sum=sum+data61(i,1)^2*data61(i,2);end,sigmaN=sqrt(sum/numN-aveN^2)
 sigmaN  =

    2.7762565

-->sum=0;for i=[1:21],sum=sum+data61(i,1)^2*data61(i,3);end,sigmaN=sqrt(sum/numA-aveA^2)
 sigmaN  =

    3.1539658
```

画面6.5 標準偏差の計算

表6.2 計算した標準偏差

	正常な製品A	正常ではない製品A
平均値	26.18	32.95
標準偏差	2.776	3.154

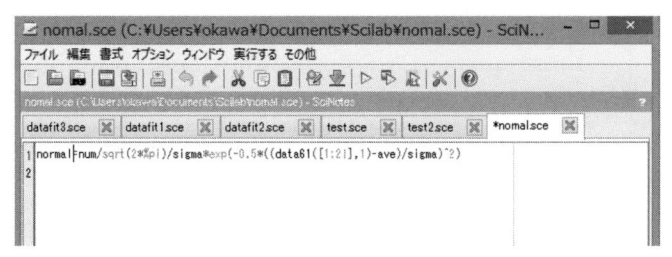

画面6.6 計算プログラム

$$p(x) = \frac{1}{\sqrt{2\pi}\sigma} e^{-\frac{1}{2}(\frac{x-\mu}{\sigma})^2} \quad \cdots\cdots\cdots\cdots\cdots\cdots\cdots\cdots\cdots\cdots\cdots\cdots\cdots (6.2)$$

です.

Scilabを使って，**画面6.6**に示すように(6.2)式を計算するプログラムを作成します．プログラムは,

```
normal=num/sqrt(2*%pi)/sigma*exp(-0.5*((data61([1:21],1)-ave)/sigma)^2)
```
$$\cdots\cdots\cdots\cdots\cdots\cdots\cdots\cdots\cdots\cdots (6.3)$$

となります.

```
-->load('data61')

-->ave=26.18
 ave  =

    26.18

-->sigma=2.776
 sigma  =

    2.776

-->num=50
 num  =

    50.

-->exec('normal.sce')

-->normal=num/sqrt(2*%pi)/sigma*exp(-0.5*((data61([1:21],1)-ave)/sigma)^2)
 normal  =

    0.6029235
    1.259993
    2.3126899
    3.7282925
    5.2789296
    6.5648543
    7.1704701
    6.8788128
    5.7959239
    4.289189
    2.7878603
    1.5915129
    0.7979812
    0.3514135
    0.1359213
    0.0461743
    0.0137770
    0.0036104
    0.0008310
    0.0001680
    0.0000298
```

画面6.7
計算の実行過程

Scilabにおいて，**画面6.7**に示すように実行します．
まず，

```
-->load('data61')
```

として，データを読み込みます．

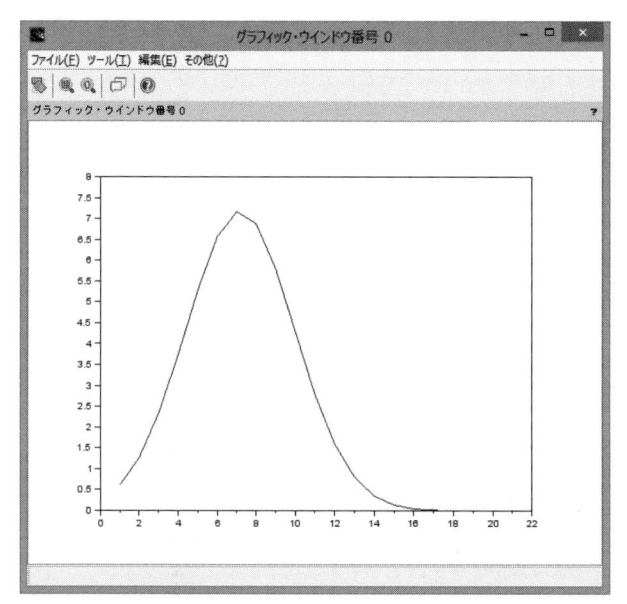

画面6.8　正規分布のプロット

次に，必要なパラメータを設定します．

正規分布の曲線を，

```
-->exec('normal')
```

として計算します．

　計算結果を，**画面6.8**に示すようにプロットします．

　実際のデータを，**画面6.9**に示すように重ね書きします．

　正常ではない製品Aのデータに関して，**画面6.10**に示すように同じ操作を施します．

　グラフを，**画面6.11**に示すようにプロットします．

　決定の過程へ入ります．

　画面6.11を見てください．

　この画面には，二つの正規分布のグラフがあります．

　正常な製品Aの正規分布と，正常ではない製品Aの正規分布です．

　正常な製品Aの正規分布は左側に，正常ではない製品Aの正規分布は右側にあります．

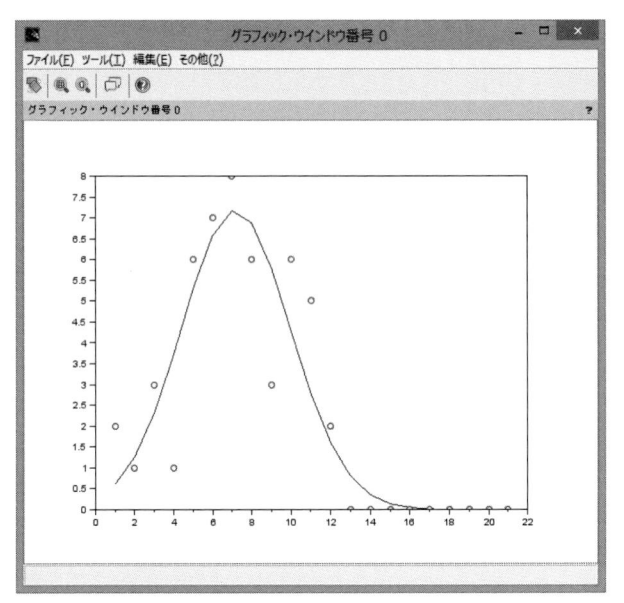

画面6.9　理論曲線とデータ

二つのグラフは，部分的に交叉しています．
すなわち，完全に分離した状態ではありません．
問題は，**図6.13**を与えられて，

　　どこに，線を引くか

です．
いま，線引きした値を，

　　f_s

とします．
f_sを，しきい値（threshold）と呼びます．
被験物に関して計測を行い，f値を算出します．
もし，

```
-->ave=32.95
 ave  =

    32.95

-->sigma=3.154
 sigma  =

    3.154

-->num=20
 num  =

    20.

-->exec('normal.sce')

-->normal=num/sqrt(2*%pi)/sigma*exp(-0.5*((data61([1:21],1)-ave)/sigma)^2)
 normal  =

    0.0005525
    0.0019314
    0.0061058
    0.0174569
    0.0451370
    0.1055456
    0.2231979
    0.4268570
    0.7382728
    1.1547652
    1.633476
    2.0896529
    2.4175632
    2.5294366
    2.3933822
    2.0480597
    1.5849496
    1.109253
    0.7020823
    0.4018720
    0.2080318
```

画面6.10「正常ではない製品」に関する処理

画面6.11 データのプロット

図6.13
しきい値の設定

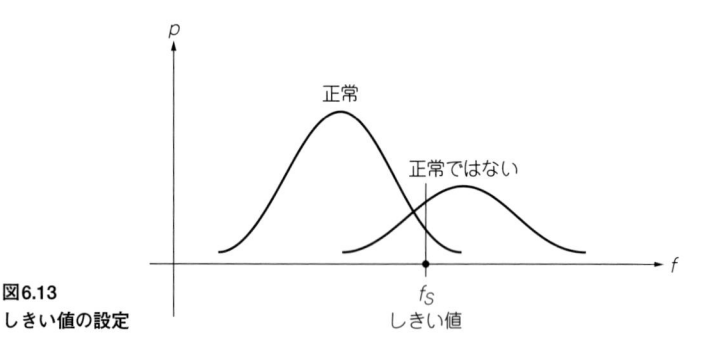

$$f > f_s \quad \cdots\cdots\cdots\cdots\cdots\cdots\cdots\cdots\cdots\cdots\cdots\cdots\cdots\cdots\cdots\cdots\cdots (6.4)$$

ならば，この被験物は，

正常ではない

と診断し，交換するか精密検査をします．
　もし，

$$f < f_s \quad \cdots\cdots\cdots\cdots\cdots\cdots\cdots\cdots\cdots\cdots\cdots\cdots\cdots\cdots\cdots\cdots\cdots (6.5)$$

ならば，この被験物は，

正常

と診断します．検査はパスです．

> **注意** $f = f_s$ の場合は，正常/正常ではない，いずれの判断も良しとします．

問題は，

しきい値 f_s をどこに置くか，

です．

これは，数学や統計学の問題ではありません．

人が，その問題をどのように見るかという，

> **価値観の問題**

です．

例えば，用心深い検査技師がいたとして，データに，

> **少しでも疑念があれば，精密検査をする**

とします．

「不具合を見落とした」という非難は受けにくくなりますが，「正常な製品Aに対して不要かもしれない精密検査を行った」，という経済的な損失を招きます．

逆に，明確な症状がない限り正常と判断する検査技師がいたとすると，精密検査を行う製品Aの数は減るにしても，正常ではない製品Aに正常という判断を下して，結果として，状況が悪化してしまう，というような結果になります．

ここで，用語の説明をします．

正常な製品Aを誤って正常ではない，つまり欠陥ありと判断して，精密検査をしたとします．

無駄な検査が増えます．

欠陥なしのサブジェクトを欠陥ありと判断する行為を，

> **生産者危険**(producer's risk)

と呼びます．

逆に，欠陥ありのサブジェクトを欠陥なしと判断する行為を，

> **消費者危険**(consumer's risk)

と呼びます．

図6.14
交点のしきい値

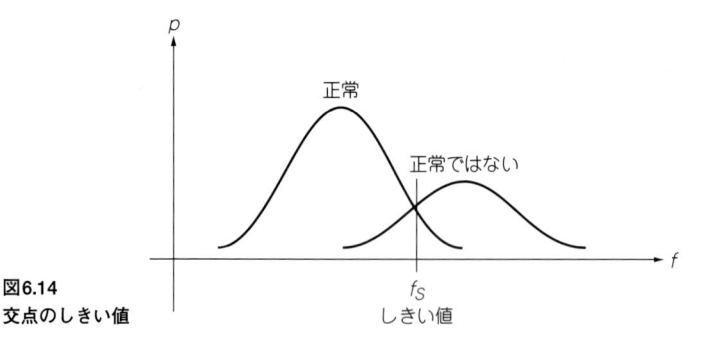

(グラフ: 正常 / 正常ではない の二つの正規分布、交点 f_S がしきい値)

　正常のグラフと欠陥のグラフの二つが交差している以上，どこに線を引いたにしても，生産者危険と消費者危険の両者を共にゼロにすることはできません．
　問題は，

> 判断の誤りを最小限に抑える

です．ここが，最重要となるポイントです．
　しきい値を決めるにあたって，生産者危険と消費者危険に関する価値観が重要な役目を果たします．
　もし仮に，判断を誤った製品Aの数を最小値に抑えたいとすれば，**図6.14**に示すように，二つの正規分布の交点をしきい値とします．
　すべてを見通すことができる神様がいたとして，

> 正常な製品Aに対して精密検査を受けさせた場合　　　　　−1点
> 正常ではない製品Aを見逃して精密検査をしなかった場合　−1点

を与えるとします．
　図6.14のしきい値を使って判断する検査技師の失点は，最小値になります．
　厳格な神様がいたとして，

> 正常な製品Aに対して精密検査をした場合　　　　　　　　−1点
> 正常ではない製品Aを見逃して精密検査をしなかった場合　−2点

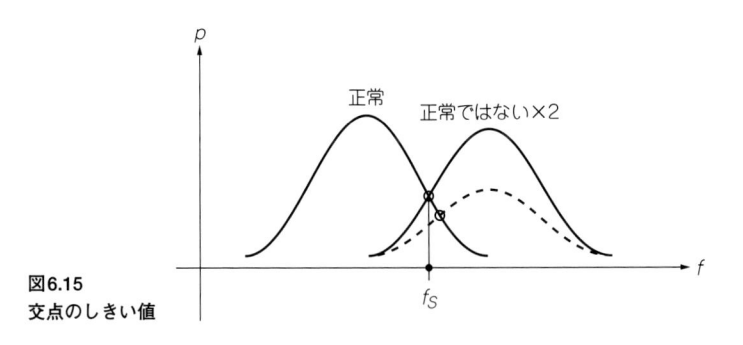

図6.15
交点のしきい値

を与えるとします．

消費者危険が2倍になったので，**図6.15**に示すように，正常ではない製品のグラフを2倍に拡大して，交点をしきい値とします．

結果として，しきい値は左に移動するので，

> 正常な製品Aに対して精密検査をする確率は増加する

のに対して，

> 正常ではない製品Aを見逃して精密検査をしない確率は減少する

ことになります．

統計学の用語を使うと，

> 生産者危険は増える

しかし，

> 消費者危険は減る

ことになります．

経済を重視する神様がいたとして，

図6.16
交点のしきい値

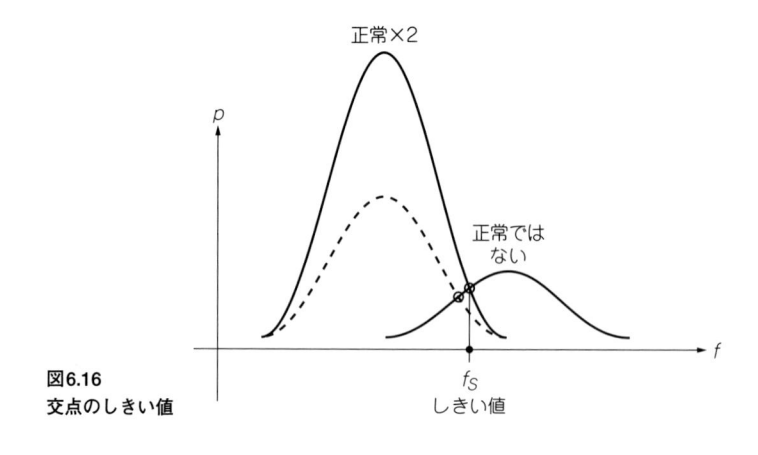

(グラフ: 正常×2、正常ではない、しきい値 f_S)

正常な製品Aに対して精密検査をする場合	−2点
正常ではない製品Aを見逃して精密検査をしなかった場合	−1点

を与えるとします．

　生産者危険が2倍になったので，**図6.16**に示すように，正常ではない製品のグラフを2倍に拡大して，交点をしきい値とします．

　結果として，しきい値は右に移動するので，

> 正常な製品Aに対して精密検査をする確率は減少する

のに対して，

> 正常ではない製品Aを見逃して精密検査を受けさせない確率は増加する

ことになります．

　統計学の用語を使うと，

> 生産者危険は減る

のに対して，

> 消費者危険は増える

ことになります．
　どの選択肢をとるか，これを，

> 評価の問題

と言います．
　評価の問題を，一般論として解決することはできません．

6.6 ── アルゴリズム

　例題を用いて，パラメトリック法の使い方を示しましたので，数学的な基礎を述べます．
　前節の例では，観測データの項目は1項目としました．
　この制限条件は現実には実現不可能なので，計算式を多次元空間へ拡張します．
　観測項目の数をnとします．
　実用的な事例において，nの値は100～1000などになります．
　コンピュータを使って処理するので，この程度の次元ならば問題はありません．
　数式で書くと，観測項目は，

$$f = (f_1, f_2, ..., f_n) \quad\cdots\cdots (6.6)$$

となります．
　観測項目に関して，m回の計測を実施して，データを実測します．
　このデータを，

$$X_{ij} \quad (i=1,2,...,n \,;\, j=1,2,...,m)$$

と書きます．
　X_{ij}は，観測項目i，j番目の実測値です．

まず，**各項目のデータの平均値**(mean)を計算します．
計算式は，

$$\mu_i = \frac{1}{m}\sum_{j=1}^{m} X_{ij} \quad (i=1,2,...,n) \quad \cdots\cdots (6.7)$$

です．
平均値を計算したら，観測データ X_{ij} から平均値を引き算します．

$$x_{ij} = X_{ij} - \mu_i \quad (i=1,2,...,n\,;\,j=1,2,...,m) \quad \cdots\cdots (6.8)$$

次に，測定項目 i と k の**共分散**(covariance)を計算します．
計算式は，

$$\sigma_{ik} = \frac{1}{m}\sum_{j=1}^{m} x_{ij} x_{kj} \quad (i,k=1,2,...,n) \quad \cdots\cdots (6.9)$$

です．
共分散行列(covariance matrix)は，

$$\mathrm{cov} = \begin{bmatrix} \sigma_{11} & \sigma_{12},...,\sigma_{1n} \\ \sigma_{21} & \sigma_{22},...,\sigma_{2n} \\ & ... \\ \sigma_{n1} & \sigma_{n2},...,\sigma_{nn} \end{bmatrix} \quad \cdots\cdots (6.10)$$

となります．
ここで，(6.9)式から，

$$\sigma_{ij} = \sigma_{ji} \quad \cdots\cdots (6.11)$$

が成立するので，共分散行列は**対称行列**(symmetric matrix)になります．

共分散行列の**行列式** (determinant) と**逆行列** (inverse matrix) を求めます．
これらを各々，記号で，

> det (cov), inv (cov)

と記します．
　det (cov) は**スカラー**，inv (cov) は次元 $n \times n$ の**正方行列**です．
　行列式や逆行列を計算する関数は，Scilabに用意されているので，この中身については述べません．数学的な内容に興味がある人は，専門書を参考にしてください．
　準備はできました．
　処理の手順を，具体的に述べます．
　まず，欠陥なしの製品Aと，欠陥ありの製品Aに関して，サンプルを採取します．
　計算の手順は，欠陥なし/欠陥ありに関して，まったく同じなので，一方について，述べます．
　欠陥なしのサンプルに関しての手順を述べますので，欠陥ありに関しては同じ手順を繰り返します．
　欠陥なしのサンプルを，X_{ij} とします．
　サンプルの数は，m です．
　X_{ij} の各項目に関して，(6.7) 式の平均値 μ_i を計算します．
　平均値 μ_i を計算したら，(6.8) 式に従って，観測データ X_{ij} から平均値を引き算します．
　このデータ x_{ij} に関して，共分散行列covを計算します．
　共分散行列の行列式 det (cov)，逆行列 inv (cov) を計算します．
　同じ手順を，欠陥ありサンプルに適用します．
　すなわち，欠陥なしと欠陥ありの両者に関して，

> 項目ごとの平均値
> 共分散行列の行列式
> 共分散行列の逆行列

を計算しました．
　以上，準備段階です．

次に，検査の段階へ入ります．
仮に，製品Aの振動数の測定チャートを検査するとしましょう．
製品Aの振動数の測定チャートが送られてきました．
測定チャートの一つをピックアップします．
測定チャートをコンピュータにかけて，特徴を抽出します．
すなわち，データXを算出しました．
Xは，n個の特徴を要素とするベクトルです．
このXは，欠陥なし（精密検査をする必要はない）なのか，あるいは欠陥あり（精密検査の必要がある）なのか判断しなさい．これが課題です．
まず，欠陥なしのデータを使って処理を行います．
Xの各項目から，欠陥なしの平均値を引き算します．

$$x_i = X_i - \mu_i \quad (i=1,2,...,n)$$

ベクトルxを，

$$x = (x_1, x_2, ..., x_n) \quad\quad\quad\quad\quad\quad\quad\quad\quad\quad\quad\quad (6.12)$$

と書きます．
xの縦ベクトルを，

$$x^T = \begin{bmatrix} x_1 \\ x_2 \\ \cdot \\ \cdot \\ x_n \end{bmatrix}$$

とします．
　(6.9)式を使って，共分散σ_{ij}を計算します．
共分散行列の行列式$\det(\mathrm{cov})$と逆行列$\mathrm{inv}(\mathrm{cov})$を計算します．
ここで，

$$p(x) = \frac{1}{(\sqrt{2\pi})^n \det(\text{cov})} \exp\left(-\frac{1}{2} x \cdot \text{inv}(\text{cov}) \cdot x^T\right) \quad \cdots\cdots\cdots\cdots\cdots\cdots (6.13)$$

を計算します.

　欠陥ありの製品Aに関して, 同じ処理を行います.

　(6.13)式の$p(x)$を, 欠陥ありのデータに関して計算します.

　欠陥ありと欠陥なしに関して, $p(x)$を計算しました.

　もし, 欠陥ありと欠陥なしのサンプル数が同じであり, かつ, 評価として欠陥ありと欠陥なしが同じ重みならば,

　　二つの$p(x)$の小さい値のカテゴリ

へ所属すると決定します.

　計算事例を示します.

　ここでは大きな次元のデータを扱うことができないので, 観測項目とします.

　　$n = 2$

　例えば, 製品Aに関して,

　　パラメータX, パラメータZ

を測定したと考えます.

　欠陥なしと欠陥ありのサンプル各16個に関して, 測定を行いました.

　欠陥なしの測定値を**表6.3**, 欠陥ありの測定値を**表6.4**に示します.

　画面6.12は, 表6.3のデータを○, 表6.4のデータを×でプロットしたものです.

　欠陥なしのデータは左下方向に, 欠陥ありのデータは右上方向に分布していることがわかります.

　Scilabを使って, 計算を行います.

　まず, 欠陥なしのカテゴリに関して計算します.

表6.3　欠陥なしのパラメータ

測定1 パラメータX	測定2 パラメータZ
33	135
41	160
39	150
48	145
52	158
41	153
63	170
59	172
51	175
59	152
41	170
34	155
68	165
72	180
68	169
72	182

表6.4　欠陥ありのパラメータ

測定1 パラメータX	測定2 パラメータZ
52	162
91	168
82	164
58	168
98	182
67	178
72	158
81	173
89	183
78	165
62	158
93	162
71	185
82	162
99	185
107	175

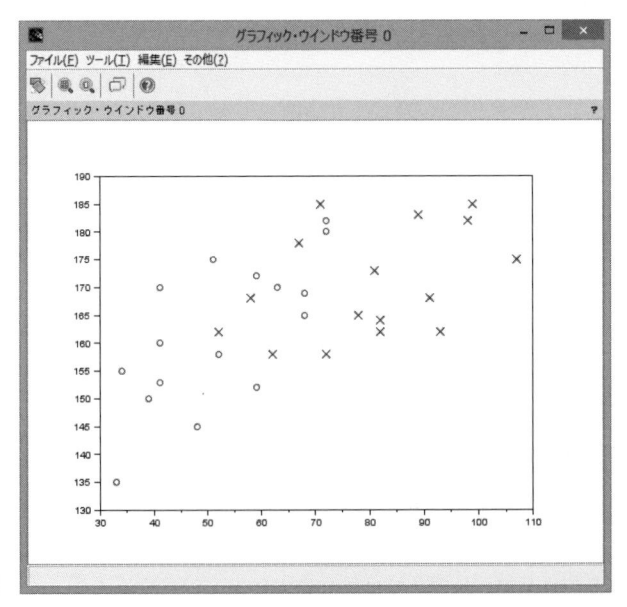

画面6.12
データの分布

```
-->data63
 data63  =

    33.   135.
    41.   160.
    39.   150.
    48.   145.
    52.   158.
    41.   153.
    63.   170.
    59.   172.
    51.   175.
    59.   152.
    41.   170.
    34.   155.
    68.   165.
    72.   180.
    68.   169.
    72.   182.
```

画面6.13 データの入力

```
-->m1=mean(data63(:,1))
 m1  =

    52.5625

-->m2=mean(data63(:,2))
 m2  =

    161.9375
```

画面6.14 項目ごとの平均値

```
-->cov=[sigma11 sigma12;sigma12 sigma22]
 cov  =

    172.49609    118.22266
    118.22266    161.93359
```

画面6.17 共分散行列の構成

```
-->x1=data63(:,1)-m1
 x1  =

  - 19.5625
  - 11.5625
  - 13.5625
  -  4.5625
  -  0.5625
  - 11.5625
    10.4375
     6.4375
  -  1.5625
     6.4375
  - 11.5625
  - 18.5625
    15.4375
    19.4375
    15.4375
    19.4375

-->x2=data63(:,2)-m2
 x2  =

  - 26.9375
  -  1.9375
  - 11.9375
  - 16.9375
  -  3.9375
  -  8.9375
     8.0625
    10.0625
    13.0625
  -  9.9375
     8.0625
  -  6.9375
     3.0625
    18.0625
     7.0625
    20.0625
```

```
-->sigma11=mean(x1.*x1)
 sigma11  =

    172.49609

-->sigma12=mean(x1.*x2)
 sigma12  =

    118.22266

-->sigma22=mean(x2.*x2)
 sigma22  =

    161.93359
```

画面6.16 共分散の計算

```
-->de=det(cov)
 de  =

    13956.316

-->in=inv(cov)
 in  =

    0.0116029  - 0.0084709
  - 0.0084709    0.0123597
```

画面6.18 行列式と逆行列の計算

画面6.15 平均値の引き算

表6.3のデータを，画面6.13に示すようにdata63という名前で入力します．

次に，画面6.14に示すように，項目ごとの平均値を計算します．

観測データから，画面6.15に示すように，平均値を引き算します．

データから平均値を引き算したので，プラスとマイナスのデータが混在します．

共分散を画面6.16に示すように計算します．

共分散行列を，画面6.17に示すように構成します．

共分散行列の行列式と逆行列を，画面6.18に示すように計算します．

欠陥なしのカテゴリに関して，パラメータを準備しました．
観測データが，欠陥なしのカテゴリに属する確率を計算します．
観測データを，

$$X = [x1, x2]$$

とします．
観測データが，欠陥なしのカテゴリに属する確率の計算式は，(6.12)式において，$n=2$と置いて，

$$p([x_1\ x_2]) = \frac{1}{2\pi \cdot 13956} \exp(-\frac{1}{2} quad) \cdots\cdots (6.14)$$

$$quad = [x_1 - 52.56\ \ x_2 - 161.9] \begin{bmatrix} 0.0116 & -0.0085 \\ -0.0085 & 0.0124 \end{bmatrix} \begin{bmatrix} x_1 - 52.56 \\ x_2 - 161.9 \end{bmatrix} \cdots\cdots (6.15)$$

となります．

(6.15)式の右辺をとくに**2次形式**(quadratic form)と呼びます．
同じ手順を，欠陥ありのカテゴリに関して計算します．
表6.4のデータを，**画面6.19**に示すように，data64という名前で入力します．
次に，**画面6.20**に示すように，項目ごとの平均値を計算します．
記号の衝突を避けるために，大文字を使いました．
観測データから，**画面6.21**に示すように，平均値を引き算します．
共分散を，**画面6.22**に示すように計算します．
共分散行列を，**画面6.23**に示すように構成します．
共分散行列の行列式と逆行列を，**画面6.24**に示すように計算します．
欠陥ありのカテゴリに関して，パラメータを準備しました．
計算式は，

$$p([x_1\ x_2]) = \frac{1}{2\pi \cdot 16801} \exp(-\frac{1}{2} quad) \cdots\cdots (6.16)$$

```
-->data64
 data64  =

   52.   162.
   91.   168.
   82.   164.
   58.   168.
   98.   182.
   67.   178.
   72.   158.
   81.   173.
   89.   183.
   78.   165.
   62.   158.
   93.   162.
   71.   185.
   82.   162.
   99.   185.
   107.  175.
```

画面6.19 データの入力

```
-->M1=mean(data64(:,1))
 M1  =

    80.125

-->M2=mean(data64(:,2))
 M2  =

    170.5
```

画面6.20 項目ごとの平均値

```
-->Cov=[Sigma11 Sigma12;Sigma12 Sigma22]
 Cov  =

    231.48438    59.5
    59.5         87.875
```

画面6.23 共分散行列の構成

```
-->Sigma11=mean(y1.*y1)
 Sigma11  =

    231.48438

-->Sigma12=mean(y1.*y2)
 Sigma12  =

    59.5

-->Sigma22=mean(y2.*y2)
 Sigma22  =

    87.875
```

画面6.22 共分散の計算

```
-->De=det(Cov)
 De  =

    16801.439

-->In=inv(Cov)
 In  =

    0.0052302   - 0.0035414
  - 0.0035414    0.0137777
```

画面6.24 行列式と逆行列の計算

```
-->y1=data64(:,1)-M1
 y1  =

  - 28.125
    10.875
    1.875
  - 22.125
    17.875
  - 13.125
  - 8.125
    0.875
    8.875
  - 2.125
  - 18.125
    12.875
  - 9.125
    1.875
    18.875
    26.875

-->y2=data64(:,2)-M2
 y2  =

  - 8.5
  - 2.5
  - 6.5
  - 2.5
    11.5
    7.5
  - 12.5
    2.5
    12.5
  - 5.5
  - 12.5
  - 8.5
    14.5
  - 8.5
    14.5
    4.5
```

画面6.21 平均値の引き算

$$quad = \begin{bmatrix} x_1 - 80.125 & x_2 - 170.5 \end{bmatrix} \begin{bmatrix} 0.00523 & -0.0035 \\ -0.0035 & 0.01378 \end{bmatrix} \begin{bmatrix} x_1 - 80.125 \\ x_2 - 170.5 \end{bmatrix} \quad \cdots\cdots\cdots\cdots (6.17)$$

となります.

Scilabを使って計算します.

正規分布の計算式をfunctionとして定義します.

SciNotesを開いて，**リスト6.1**に示すように関数を書き込みます.

リスト6.1　SciNotesに関数を書き込む

```
function prob=myfunc(n,m,data,x)
for i=[1:n]
    s(i)=mean(data([1:m],i))
end
//disp(s)
for i=[1:n]
    for j=[1:m]
        d(j,i)=data(j,i)-s(i)
    end
end
for i=[1:n]
    for j=[1:n]
        sigma(i,j)=0;
        for k=[1:m]
            sigma(i,j)=sigma(i,j)+d(k,i)*d(k,j)
        end
        sigma(i,j)=sigma(i,j)/m;
    end
end
//disp(sigma)
de=det(sigma);
//disp(de)
in=inv(sigma);
//disp(in)
for i=[1:n]
    y(i)=x(i)-s(i)
end
disp(y)
quad=y*in*y';
//disp(quad)
prob=1/(sqrt(2*%pi))^n/sqrt(de)*exp(-0.5*quad)
//disp(normal)
endfunction
```

関数の引き数は,

n	特徴(あるいは,観測項目)の数
m	サンプルの数
$data$	n 行 m 列のサンプル・データ
x	観測したデータ

です.

計算の過程は,すでに説明しました.

データ $X=[x_1, x_2]$ が与えられたときに,**リスト6.1**のmyfuncを使って,

```
p=myfunc(2,16,data63,X)
q=myfunc(2,16,data64,X)
```

を計算します.

結果によって,

q>p → 欠陥なし

逆に,

p>q → 欠陥あり

と判定します.

等号の場合は,どちらにするか任意です.

決定を行う表を作成します.

SciNotesを使って,**リスト6.2**に示すようにプログラムを作成します.

リスト6.2のプログラムを実行すると,**画面6.25**に示すように,判定表をプリントします.

ここで,1の領域に落ちたサブジェクトは欠陥あり,0の領域に落ちたサブジェクトは欠陥なしと判定します.

リスト6.2　決定を行う表の作成

```
n=2;
m=16;
for i=[1:10]
    for j=[1:10]
        I=10*i+30;
        J=10*j+120;
        a(i,j)=myfunc(n,m,data63,{I,J})
        b(i,j)=myfunc(n,m,data64,{I,J})
        if a(i,j)>b(i,j) then
            c(i,j)=1
        else
            c(i,j)=0
        end
    end
end
```

```
-->exec('C:\Users\okawa\Documents\Scilab\temp.sce', -1)

-->c
 c =

    1.   1.   1.   1.   1.   1.   1.   1.   1.   1.
    1.   1.   1.   1.   1.   1.   1.   1.   1.   1.
    1.   1.   1.   1.   1.   1.   1.   1.   1.   1.
    0.   0.   0.   0.   0.   1.   1.   1.   1.   1.
    0.   0.   0.   0.   0.   0.   1.   1.   1.   1.
    0.   0.   0.   0.   0.   0.   0.   1.   1.   1.
    0.   0.   0.   0.   0.   0.   0.   0.   1.   1.
    0.   0.   0.   0.   0.   0.   0.   0.   1.   1.
    0.   0.   0.   0.   0.   0.   0.   0.   0.   1.
    0.   0.   0.   0.   0.   0.   0.   0.   0.   0.
```

画面6.25
判定表

6.7──非パラメトリック法

　観測データが，多くのランダム要因によって支配される場合，データの分布は正規分布になります．これは，数学的に証明されています．

　観測項目が多くなると，コンピュータを使ったとしても，正規分布の計算は重くなります．

　厳密な計算を避けて，計算過程を簡略化することを考えます．

リスト6.3　サンプル平均値への距離を計算する関数myfunc2

```
function prob=myfunc2lo(n,m,data,x)
for i=[1:n]
    s(i)=mean(data([1:m],i))
end
prob=0
for i=[1:n]
    prob=prob+(x(i)-s(i))^2
end
prob=sqrt(prob)
endfunction
```

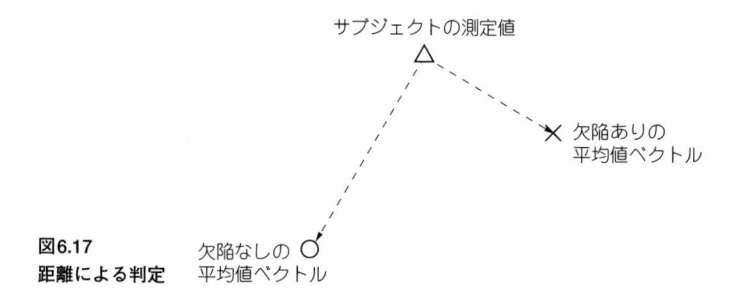

図6.17
距離による判定

いま，欠陥なし（例えば，**表6.3**）と欠陥あり（例えば，**表6.4**）のサンプルが与えられたとします．

　このサンプルに関して，平均値を計算します．

　サンプルに関する計算は，この計算だけです．

　共分散，行列式，逆行列などは，計算しません．

　準備過程は，これで終了です．

　判定の過程に入ります．

　データを採取して，特徴Xを算出します．

　Xのカテゴリは，欠陥なしと欠陥ありのいずれかの判定を求められます．

　そこで，**図6.17**に示すように，Xとサンプルの平均値の距離を計算します．

　Xが，欠陥なしの平均値に近ければ，欠陥なしと判定します．

　Xが，欠陥ありの平均値に近ければ，欠陥ありと判定します．

　前節のデータに関して，計算を行います．

リスト6.4　判定を行うプログラム

```
n=2;
m=16;
for i=[1:10]
    for j=[1:10]
        I=10*i+30;
        J=10*j+120;
        a(i,j)=myfunc2(n,m,data63,{I,J})
        b(i,j)=myfunc2(n,m,data64,{I,J})
        if a(i,j)>b(i,j) then
            c(i,j)=1
        else
            c(i,j)=0
        end
    end
end
```

```
-->exec('C:\Users\okawa\Documents\Scilab\myfunc2.sci', -1)

-->c
 c  =

   1.   1.   1.   1.   1.   1.   1.   1.   1.   1.
   1.   1.   1.   1.   1.   1.   1.   1.   1.   1.
   1.   1.   1.   1.   1.   1.   1.   1.   1.   1.
   0.   0.   0.   0.   0.   1.   1.   1.   1.   1.
   0.   0.   0.   0.   0.   0.   1.   1.   1.   1.
   0.   0.   0.   0.   0.   0.   0.   1.   1.   1.
   0.   0.   0.   0.   0.   0.   0.   0.   1.   1.
   0.   0.   0.   0.   0.   0.   0.   0.   0.   1.
   0.   0.   0.   0.   0.   0.   0.   0.   0.   1.
   0.   0.   0.   0.   0.   0.   0.   0.   0.   0.
```

画面6.26　判定表

　リスト6.3に示すように，サンプル平均値への距離を計算する関数myfunc2を作成します．

　リスト6.4に示すように，前節と同じ区間において，判定を行うプログラムを作成します．

　プログラムはほとんど同じなので，説明は省略します．

　プログラムを実行します．

　結果を画面6.26に示します．

画面6.25と画面6.26は，同じ結果を示します．
ただし，注意してください．

画面6.25と画面6.26が一致したからといって，二つのアルゴリズムが同じ結果をもたらすと解釈してはいけません．

マス目を粗くしたので，このような結果になったのであり，境界付近の状況は両者は異なります．

6.8──ヒューリスティック・アルゴリズム

サンプルなしの場合のアルゴリズムについて述べます．

深夜に，卒業論文をまとめているときに音がしたので，原因を探るために机を離れた，というシーンを述べました．

また，天文学の研究をしている学生が，教授から電波記録を与えられて，ちょっとばかり手抜きをした，というような話をしました．

両者に共通する条件は，

> 明確なサンプルはない

ことです．

泥棒が家に入ってくるときは，このような音がする，……などのようなデータはありません．

これまでに経験したことがない音がしたので，「オヤ……？」と思って机を離れました．

宇宙の電波を解析する場合も，状況は同じです．

「ターゲットは，これ，これ，……このような波形です．それを探しなさい」ではありません．

性質の違った電波が存在しないか，それを探すのです．

ここでのテーマは，

> 大量のデータがあり

そのなかにわずかに，

図6.18
密集した点群

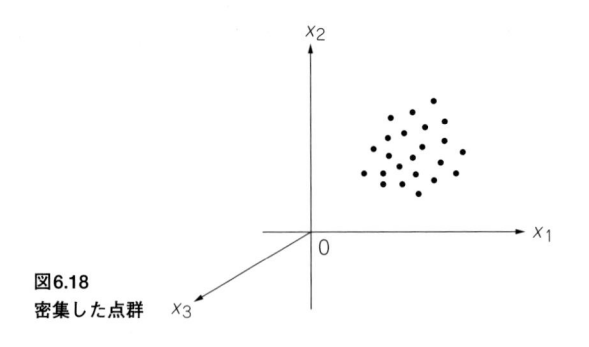

混入している異質なものを検出する

ことです.
　まず，大量の観測データがあります.
　このデータを，時間区間に分割します.
　各々の時間区間において，特徴を抽出します.
　特徴を抽出する際に，フーリエ変換，ウェーブレット変換などを使います.
　特徴は，多くの場合，正規分布になります.
　図示すると，**図6.18**に示すように，密集した点群になります.
　多くのランダム要因に起因するデータは，正規分布になります.
　これは，統計学の分野において証明されています.
　もし，正規分布にならなければ，そこにはランダムではない要因，すなわち有為的な要因が含まれていることになります.
　有為的な要因は，観測データから削除できます.
　いま仮に，**図6.10**(p.202)に示したように，データの大きな集団があり，そこから離れた場所に，小さなデータの集団があるとします.
　この離れた集団は，何らかの変化，あるいは異常な事態が起こっている可能性を示唆するものと判断します.
　ここでの課題を，数学的にまとめると，

大きな点の集団があり
　それとは別の場所に，小さな点の集団があるか

表6.5 抽出したデータのサンプル

番号	特徴A	特徴B
1	48	145
2	52	158
3	41	153
4	63	170
5	52	162
6	91	168
7	82	164
8	58	168

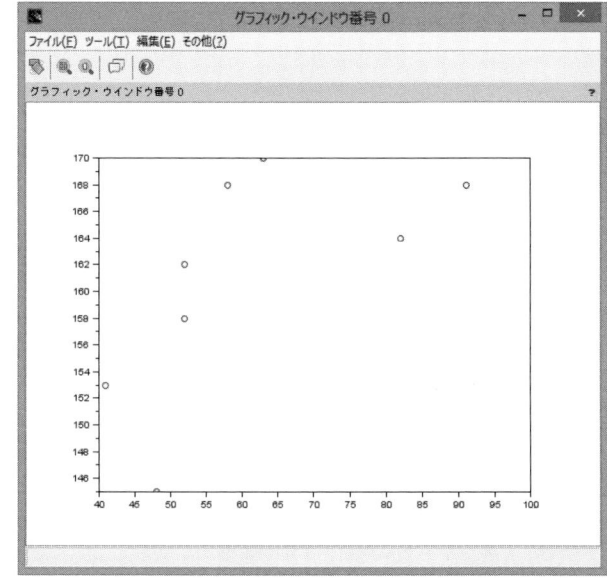

画面6.27
データの分布

これを見つけることです．

最初に，サンプルを使って，処理の流れを説明します．

まず，観測データは与えられます．

このデータから，特徴を抽出します．以下，抽出した特徴を単純にデータと呼びます．

本書において次元の大きなデータを扱うことは難しいので，観測データから2個の特徴を抽出したとします．

すなわち，与えられるデータは，2次元のベクトルです．

抽出したデータのサンプルを**表6.5**に示します．

以下，このサンプルを使って，具体的に処理を進めます．

データの分布を**画面6.27**に示します．

最初に，二つのデータ間において，**距離** (distance)，あるいは，**ノルム** (norm)，を定義します．

例えば，**図6.19**に示すように，二つの点が与えられたときに，2点間の距離を

$$d = \sqrt{(x_1-x_2)^2 + (y_1-y_2)^2} \quad \cdots\cdots\cdots\cdots\cdots\cdots\cdots\cdots\cdots\cdots\cdots\cdots\cdots\cdots (6.18)$$

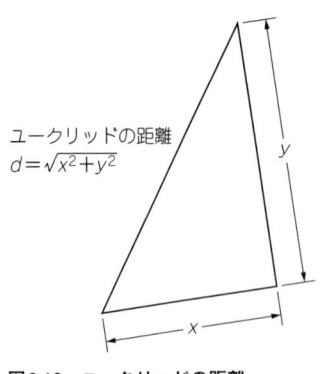

図6.19　ユークリッドの距離 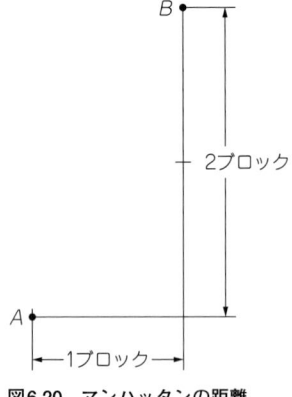　　　　　　図6.20　マンハッタンの距離

と定義します.

(6.18)式のdを，**ユークリッドの距離** (Euclidean distance) と言います.

ニューヨークにおいて，図6.20に示すように，東に1ブロック，北へ2ブロック離れた場所を，

3ブロックの距離

と言います.

これを**マンハッタンの距離** (Manhattan distance) と呼びます.

マンハッタンの距離を数式で書くと，

$$d=|x_1-x_2|+|y_1-y_2| \quad\quad\quad\quad\quad\quad\quad\quad\quad\quad\quad\quad\quad (6.19)$$

となります.

日常生活において**距離**というと，(6.18)式のユークリッドの距離を意味することが多いのですが，数学的に言うと，二つのデータ間の距離はユークリッドの距離に限るものではありません.

三角不等式 (triangle inequality) を満足するものは，すべて距離です.

Scilabを使って，表6.5のデータに関して距離を計算します.

0.	13.601471	10.630146	29.154759	17.464249	48.764741	38.948684	25.079872
0.	0.	12.083046	16.278821	4.	40.261644	30.594117	11.661904
0.	0.	0.	27.802878	14.21267	52.201533	42.449971	22.671568
0.	0.	0.	0.	13.601471	28.071338	19.924859	5.3851648
0.	0.	0.	0.	0.	39.458839	30.066593	8.4852814
0.	0.	0.	0.	0.	0.	9.8488578	33.
0.	0.	0.	0.	0.	0.	0.	24.33105
0.	0.	0.	0.	0.	0.	0.	0.

画面6.28　距離の計算

(6.18)式のユークリッドの距離を使います．

計算の結果を**画面6.28**に示します．

ここで，自分自身への距離は0なので，対角線上にはすべて0が入ります．

また，

> 点1から点2への距離
> 点2から点1への距離

は，同じなので，計算はスキップして，0を入れます．

画面6.28において，距離の最小値を探します．

点2と点5間の距離4が最小値です．

点2と点5を削除して，別の点をグループへ加えます．

プログラミングのテクニックとしては，

> 番号の大きい5を表から削除して
> 番号の小さい2のデータを書き換える

ことにします．

点2のデータは，新規に，

> 点2のデータと点5のデータの平均値

を書き込みます．

すなわち，**図6.21**に示すように，点2と点5の重心の点を選びます．

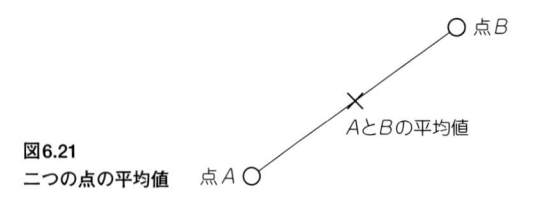

図6.21
二つの点の平均値　点A　　AとBの平均値　　点B

アルゴリズムを整理すると，

① 2点間の距離を計算する
② 距離の最小値を見つける
③ 最小距離を与える2点を削除して，その重心で置き換える

となります.

二つの点を一つの点で置き換えたので，点の数は，

$n \rightarrow n-1$

に変わります．すなわち，1少なくなります．
このアルゴリズムを繰り返して適用します．
Scilabを使って計算します．
プログラム，

findmin.sce

を作成します．
特徴のデータは，あらかじめ，ファイル，

data8

に格納します．
ファイルには，

```
-->n=2
 n  =

    2.

-->m=8
 m  =

    8.

-->data
 data  =

    48.    145.
    52.    160.
    41.    153.
    63.    170.
    0.     0.
    91.    168.
    82.    164.
    58.    168.

-->save('data8','n','m','data')
```

画面6.29
dataファイルの作成

n	特徴の項目の数
m	データの数
data	データ

をストアします.

Scilabのコマンドラインから, **画面6.29**に示すように操作して, ファイルを作成します.
findmin.sceを**リスト6.5**に示します.

プログラムの説明をします.

まず, データのファイルを読み込みます.

```
load('data8');
```

ファイルを読み込んだら, 確認のために内容をプリントします.

```
disp(n,m,data)
```

リスト6.5　findmin.sce

```
load('data8');
disp(n,m,data)
table=0;
table(1,[1:n])=1
for i=[2:m],
    table ={table;1,i};
end
disp(table)
// MAIN LOOP
for repeat=[1:R]
    mini=99999;
    temp([1:m],[1:m])=0;
    for i=[1:m-1],
        for j=[i+1:m],
            if table(i,1)<>0&table(j,1)<>0 then
                s=0;
                for k=[1:n]
                    s=s+(data(i,k)-data(j,k))^2;
                end
                temp(i,j)=sqrt(s);
                if temp(i,j)<mini then
                    mini=temp(i,j);
                    I={i,j};,
                end,
            end
        end,
    end
    disp(temp)
    disp(mini,I)
//disp(table)
    i=I(1,1);
    j=I(1,2);
    num(1)=table(i,1);
    num(2)=table(j,1);
    for k=[1:num(2)]
        table(i,k+num(1)+1)=table(j,k+1);
    end
    table(i,1)=num(1)+num(2);
    for k=[1:num(2)+1]
        table(j,k)=0;
    end
```

```
    disp(table)
    for k=[1:n]
data(i,k)=(num(1)*data(i,k)+num(2)*data(j,k))/(num(1)+num(2));
        data(j,k)=0;
    end
    disp(data)
end
```

表6.6
サンプルのテーブル
（表）を作る

1	1
1	2
1	3
1	4
1	5
1	6
1	7
1	8

データを読み込んだら，最初のテーブルを作成します．

```
table=0;
table(1,[1:n])=1
for i=[2:m],
    table ={table;1,i};
end
```

ここでは，**表6.6**のような形式のテーブルを作成します．

テーブルの第1列は，そのグループのメンバの数です．

スタート時は，各々の点は独立にグループを形成するので，第1列にはすべて1を入れます．

第2列は，各点の名前を記入します．

ここでは，1番目の点を1，2番目の点を2，……，としました．
テーブルを作成したら，確認のためにプリントします．

```
disp(table)
```

メイン・ループへ入ります．
繰り返しの回数は，R＝1として説明します．
まず，**画面6.28**に示したテーブルを作成します．
テーブルの名前は，

```
temp
```

です．
テーブルの作成と同時進行で，距離の最小値を計算します．
2点間の距離は，

```
s=0
for k=[1:n]
    s=s+(data(i,k)-data(j,k))^2;
end
```

によって計算して，それをテーブルの所定の場所へ格納します．

```
temp(i,j)=sqrt(s);
```

距離を計算したら，それまでの最小値と比較して小さければ置き換えます．

```
if temp(i,j)<mini then
    mini=temp(i,j);
    I={i,j};,
end,
```

ループの入り口において，テーブルの第1列はゼロでないかの判断をします．

```
if table(i,1)<>0&table(j,1)<>0 then
```

最初のR＝1において，テーブルの第1列はすべて1が入るので，このセンテンスは不要に見えますが，R＞1となるとここに0が入ってくるので，このセンテンスが必要になります．

ループを終えると，確認のためにテーブルをプリントします．

```
disp(temp)
```

ここでは，アルゴリズムの流れを示すことが主たる目的なので，テーブルtempを作成して，プリントしました．

観測データの数が大きくなると，このテーブルのサイズは，ほぼデータ数の2乗で増えるので，注意してください．

例えば，観測データを1000個とすると，テーブルはおよそ100万個のセルを必要とします（ゼロの部分を除いても，50万個は必要）．

実用的なプログラムを作成する際には，このテーブルは作成しません．

必要なのは，最小値を与える2点の番号です．

これを，確認のためにプリントします．

```
disp(min,I)
```

ここで，番号iとjの点が最小距離を与えます．

アルゴリズムによって，

```
i < j
```

が成立します．

そこで，jを削除して，新しいデータをiへ書き込みます．

例えば，点2と点5が最小距離を与えるとすると，

表6.7 データのテーブル

48	145		48	145
52	158		52	160
41	153		41	153
63	170		63	170
52	162		0	0
91	168		91	168
82	164		82	164
58	168		58	168

表6.8 グループのテーブルを書き換える

1	1	0
2	2	5
1	3	0
1	4	0
0	0	0
1	6	0
1	7	0
1	8	0

```
テーブルの5行は0
テーブルの2行は更新
```

します．
　データのテーブルは，**表6.7**に示すように変わります．
　データのテーブルを更新しました．
　データを更新したので，続いてグループのテーブルを書き換えます．
　点2と点5が最小値を与えたので，**表6.6**を**表6.8**に示すように変更します．
　2行1列は，点2と点5をマージしたので，

```
1+1=2
```

となります．
　2行3列には，新規に番号5を組み入れます．
　実際に，プログラムを実行します．
　コマンドラインから，

```
R=1
```

と入力して，続けて，

```
-->exec('findmin.sce')

-->load('data8');

-->disp(n,m,data)

    48.    145.
    52.    158.
    41.    153.
    63.    170.
    52.    162.
    91.    188.
    82.    164.
    58.    188.

    8.

    2.

-->table=0;

-->table(1,[1:n])=1
 table =

    1.    1.

-->for i=[2:m],
-->    table ={table;1,i};
-->end

-->disp(table)

    1.    1.
    1.    2.
    1.    3.
    1.    4.
    1.    5.
    1.    6.
    1.    7.
    1.    8.
```

画面6.30(a)　第1回目の処理

```
 0.    13.601471   10.630146   29.154759   17.464249   48.764741   38.948684   25.079872
 0.     0.         12.083046   16.278821    4.         40.261644   30.594117   11.661904
 0.     0.          0.         27.802878   14.21267    52.201533   42.449971   22.671568
 0.     0.          0.          0.         13.601471   28.071338   19.924859    5.3851648
 0.     0.          0.          0.          0.         39.458839   30.066593    8.4852814
 0.     0.          0.          0.          0.          0.          9.8488578  33.
 0.     0.          0.          0.          0.          0.          0.         24.33105
 0.     0.          0.          0.          0.          0.          0.          0.

    2.    5.

    4.

    1.    1.    0.
    2.    2.    5.
    1.    3.    0.
    1.    4.    0.
    0.    0.    0.
    1.    6.    0.
    1.    7.    0.
    1.    8.    0.

    48.    145.
    52.    160.
    41.    153.
    63.    170.
     0.      0.
    91.    168.
    82.    164.
    58.    168.
```

画面6.30(b)　第1回目の処理(続き)

```
exec('findmin.sce')
```

と入力します.

画面6.30(a), 画面6.30(b)に示すように, 処理は進行します.

点2と点5をマージします.

点2のデータは, 更新しました.

点5のデータを削除しました.

ループを2回繰り返して, 実行します.

コマンドラインから,

```
            48.     145.
            52.     160.
            41.     153.
            63.     170.
            0.      0.
            91.     168.
            82.     164.
            58.     168.

            0.    15.524175   10.630146   29.154759    0.    48.764741   38.948684   25.079872
            0.     0.         13.038405   14.866069    0.    39.812058   30.265492   10.
            0.     0.          0.         27.802878    0.    52.201533   42.449971   22.671568
            0.     0.          0.          0.          0.    28.071338   19.924859    5.3851648
            0.     0.          0.          0.          0.     0.          0.          0.
            0.     0.          0.          0.          0.     0.          9.8488578  33.
            0.     0.          0.          0.          0.     0.          0.         24.33105
            0.     0.          0.          0.          0.     0.          0.          0.

            4.      8.

            5.3851648

            1.      1.      0.
            2.      2.      5.
            1.      3.      0.
            2.      4.      8.
            0.      0.      0.
            1.      6.      0.
            1.      7.      0.
            0.      0.      0.

            48.     145.
            52.     160.
            41.     153.
            60.5    169.
            0.      0.
            91.     168.
            82.     164.
            0.      0.
```

画面6.31
第2回目の処理

```
    R=2
```

と入力して，続けて，

```
    exec('findmin.sce')
```

と入力します．

第2回目のループの処理は，**画面6.31**に示すように進みます．

```
48.     145.
52.     160.
41.     153.
60.5    169.
0.      0.
91.     168.
82.     164.
0.      0.

0.    15.524175  10.630146  27.060118   0.   48.764741  38.948684   0.
0.    0.         13.038405  12.379418   0.   39.812058  30.265492   0.
0.    0.         0.         25.223997   0.   52.201533  42.449971   0.
0.    0.         0.         0.          0.   30.516389  22.07374    0.
0.    0.         0.         0.          0.   0.         0.          0.
0.    0.         0.         0.          0.   0.         9.8488578   0.
0.    0.         0.         0.          0.   0.         0.          0.
0.    0.         0.         0.          0.   0.         0.          0.

6.      7.

9.8488578

1.      1.      0.
2.      2.      5.
1.      3.      0.
2.      4.      8.
0.      0.      0.
2.      6.      7.
0.      0.      0.
0.      0.      0.

48.     145.
52.     160.
41.     153.
60.5    169.
0.      0.
86.5    166.
0.      0.
0.      0.
```

画面6.32
第3回目の処理

点4と点8をマージします．

点4のデータは，更新しました．

点8のデータを削除しました．

第3回目のループの処理を，**画面6.32**に示します．

点6と点7をマージします．

点6のデータは，更新しました．

点7のデータを削除しました．

第4回目のループの処理を，**画面6.33**に示します．

```
                48.    145.
                52.    160.
                41.    153.
                60.5   169.
                0.     0.
                86.5   166.
                0.     0.
                0.     0.


     0.      15.524175   10.630146   27.060118   0.   43.854874   0.   0.
     0.      0.          13.038405   12.379418   0.   35.017853   0.   0.
     0.      0.          0.          25.223997   0.   47.320714   0.   0.
     0.      0.          0.          0.          0.   26.172505   0.   0.
     0.      0.          0.          0.          0.   0.          0.   0.
     0.      0.          0.          0.          0.   0.          0.   0.
     0.      0.          0.          0.          0.   0.          0.   0.
     0.      0.          0.          0.          0.   0.          0.   0.

     1.    3.

     10.630146

     2.    1.    3.
     2.    2.    5.
     0.    0.    0.
     2.    4.    8.
     0.    0.    0.
     2.    6.    7.
     0.    0.    0.
     0.    0.    0.

     44.5   149.
     52.    160.
     0.     0.
     60.5   169.
     0.     0.
     86.5   166.
     0.     0.
     0.     0.
```

画面6.33
第4回目の処理

点1と点3をマージします．

点1のデータは，更新しました．

点3のデータを削除しました．

第5回目のループの処理を**画面6.34**に示します．

点2と点4をマージします．

点2のデータは，更新しました．

点4のデータを削除しました．

点2，点4，ともに，メンバ2です．

```
                44.5      149.
                52.       160.
                0.        0.
                60.5      169.
                0.        0.
                86.5      166.
                0.        0.
                0.        0.

                0.        13.313527    0.       25.612497    0.       45.310043    0.       0.
                0.        0.           0.       12.379418    0.       35.017853    0.       0.
                0.        0.           0.       0.           0.       26.172505    0.       0.
                0.        0.           0.       0.           0.       0.           0.       0.
                0.        0.           0.       0.           0.       0.           0.       0.
                0.        0.           0.       0.           0.       0.           0.       0.
                0.        0.           0.       0.           0.       0.           0.       0.

                2.        4.

                12.379418

                2.        1.       3.       0.       0.
                4.        2.       5.       4.       8.
                0.        0.       0.       0.       0.
                0.        0.       0.       0.       0.
                0.        0.       0.       0.       0.
                2.        6.       7.       0.       0.
                0.        0.       0.       0.       0.
                0.        0.       0.       0.       0.

                44.5      149.
                56.25     164.5
                0.        0.
                0.        0.
                0.        0.
                86.5      166.
                0.        0.
                0.        0.
```

画面6.34
第5回目の処理

したがって，これらをマージすると，点2のメンバは4になります．

第6回目のループの処理を**画面6.35**に示します．

点1と点2をマージします．

点1のデータは，更新しました．

点2のデータを削除しました．

ループを6回実行すると，データは，

(1, 2, 3, 4, 5, 8)

```
44.5       149.
56.25      164.5
0.         0.
0.         0.
86.5       166.
0.         0.
0.         0.

0.   19.450257   0.    0.    0.    45.310043   0.    0.
0.   0.          0.    0.    0.    30.287167   0.    0.
0.   0.          0.    0.    0.    0.          0.    0.
0.   0.          0.    0.    0.    0.          0.    0.
0.   0.          0.    0.    0.    0.          0.    0.
0.   0.          0.    0.    0.    0.          0.    0.
0.   0.          0.    0.    0.    0.          0.    0.

1.   2.

19.450257

6.   1.   3.   2.   5.   4.   8.
0.   0.   0.   0.   0.   0.   0.
0.   0.   0.   0.   0.   0.   0.
0.   0.   0.   0.   0.   0.   0.
0.   0.   0.   0.   0.   0.   0.
2.   6.   7.   0.   0.   0.   0.
0.   0.   0.   0.   0.   0.   0.
0.   0.   0.   0.   0.   0.   0.

52.333333   159.33333
0.          0.
0.          0.
0.          0.
0.          0.
86.5        166.
0.          0.
0.          0.
```

画面6.35
第6回目の処理

(6, 7)

という二つのグループに分かれました．

結果をグラフにプロットすると，**画面6.36**に示すように，左側の6個と右の2個に分かれたことになります．

データの数を，

8 → 20

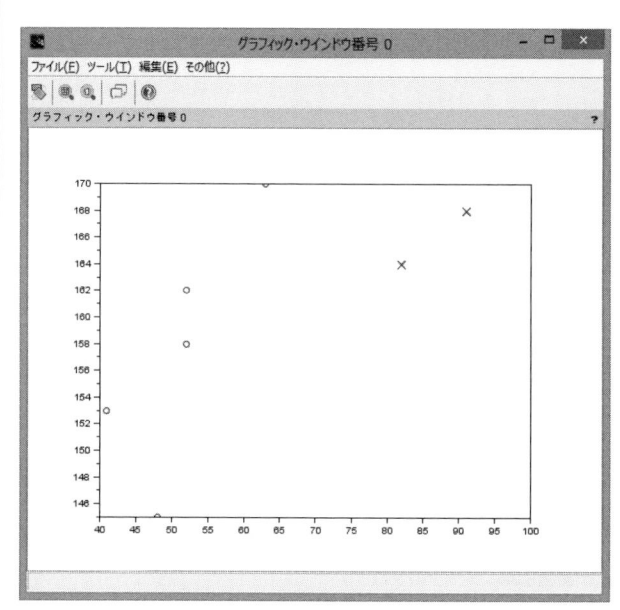

表6.9 使用するデータ

番号	データA	データB
1	3.1	0.9
2	2.8	2.2
3	3.9	4.1
4	4.	2.8
5	4.1	1.9
6	3.8	1.1
7	4.9	1.
8	5.	2.2
9	5.1	3.3
10	4.8	3.9
11	5.7	4.2
12	6.1	2.9
13	6.3	2.2
14	6.7	4.6
15	6.8	5.3
16	7.1	4.9
17	6.8	5.8
18	7.2	4.6
19	7.5	5.5
20	8.1	4.7

画面6.36 二つのグループ

へ増やします．

使用するデータを**表6.9**に示します．

コマンドラインから，**画面6.37**に示すように，データを打ち込みます．

打ち込んだデータを，**画面6.38**に示すようにプロットします．

リスト6.5のfindmini.sceを**リスト6.6**に示すように変更します．

プログラムの本体に変更はないので，説明は省略します．

リスト6.6のプログラムの名前を

```
findmini2.sce
```

として保存します．

```
-->n
 n  =

    2.

-->m
 m  =

    20.

-->data
 data  =

    3.1    0.9
    2.8    2.2
    3.9    4.1
    4.     2.8
    4.1    1.9
    3.8    1.1
    4.9    1.
    5.     2.2
    5.1    3.3
    4.8    3.9
    5.7    4.2
    6.1    2.9
    6.3    2.2
    6.7    4.6
    6.8    5.3
    7.1    4.9
    6.8    5.8
    7.2    4.6
    7.5    5.5
    8.1    4.7

-->save('data20','n','m','data')
```

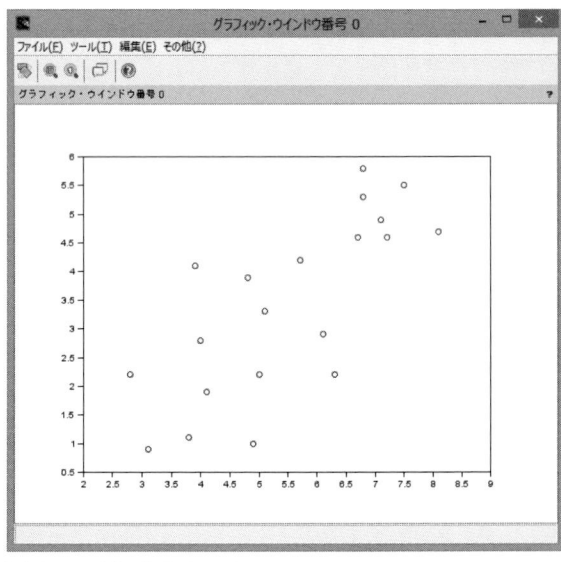

画面6.37　データの入力

画面6.38　データのプロット

リスト6.6　変更したfindmini.sce

```
load('data20');
disp(n,m,data)
table=0;
table(1,[1:n])=1;
for i=[2:m],
    table ={table;1,i};
end
// MAIN LOOP
for repeat=[1:R]
    min=99999;
    temp([1:m],[1:m])=0;
    for i=[1:m-1],
        for j=[i+1:m],
```

```
            if table(i,1)<>0&table(j,1)<>0 then
                sum=0;
                for k=[1:n]
                    sum=sum+(data(i,k)-data(j,k))^2;
                end
                temp(i,j)=sqrt(sum);
                if temp(i,j)<min then
                    min=temp(i,j);
                    I={i,j};,
                end,
            end
        end,
    end
    disp(I)
    i=I(1,1);
    j=I(1,2);
    num(1)=table(i,1);
    num(2)=table(j,1);
    for k=[1:num(2)]
        table(i,k+num(1)+1)=table(j,k+1);
    end
    table(i,1)=num(1)+num(2);
    for k=[1:num(2)+1]
        table(j,k)=0;
    end
    for k=[1:n]
data(i,k)=(num(1)*data(i,k)+num(2)*data(j,k))/(num(1)+num(2));
        data(j,k)=0;
    end
end
disp(table)
```

コマンドラインから,

```
-->R=18
```

と入力して, 続いて,

```
-->exec('findmini2.sce')
```

```
-->R=18
 R  =

    18.

-->exec('findmin2.sce',-1)

    3.1    0.9
    2.8    2.2
    3.9    4.1
    4.     2.8
    4.1    1.9
    3.8    1.1
    4.9    1.
    5.     2.2
    5.1    3.3
    4.8    3.9
    5.7    4.2
    6.1    2.9
    6.3    2.2
    6.7    4.6
    6.8    5.3
    7.1    4.9
    6.8    5.8
    7.2    4.6
    7.5    5.5
    8.1    4.7

    20.

    2.
```

画面6.39 読み込んだデータ
のプリント

```
    16.    18.

    14.    16.

    15.    17.

     9.    10.

    15.    19.

     1.     6.

    12.    13.

    14.    15.

     4.     5.

     9.    11.

     4.     8.

    14.    20.

     3.     9.

     1.     2.

     4.     7.

     1.     4.

     3.    12.

     1.     3.
```

画面6.40
距離の最小値を
与えるペア

と入力します.

　最初に，**画面6.39**に示すように，読み込んだデータをプリントします.

　距離の最小値を与える組は，**画面6.40**に示すように進行します.

　例えば，最初は16番と18番の点が最も接近したペアです.

18番を16番へマージして，18番を削除します.

　次は，14番と16番です.

16番を削除して，14番へマージします.

　…

このプロセスを18回繰り返します.

　…

18回繰り返した後のtableの状態を，**画面6.41**に示します.

```
-->table
 table  =

    13.    1.    6.    2.    4.    5.    8.    7.    3.    9.   10.   11.   12.   13.
     0.    0.    0.    0.    0.    0.    0.    0.    0.    0.    0.    0.    0.    0.
     0.    0.    0.    0.    0.    0.    0.    0.    0.    0.    0.    0.    0.    0.
     0.    0.    0.    0.    0.    0.    0.    0.    0.    0.    0.    0.    0.    0.
     0.    0.    0.    0.    0.    0.    0.    0.    0.    0.    0.    0.    0.    0.
     0.    0.    0.    0.    0.    0.    0.    0.    0.    0.    0.    0.    0.    0.
     0.    0.    0.    0.    0.    0.    0.    0.    0.    0.    0.    0.    0.    0.
     0.    0.    0.    0.    0.    0.    0.    0.    0.    0.    0.    0.    0.    0.
     0.    0.    0.    0.    0.    0.    0.    0.    0.    0.    0.    0.    0.    0.
     0.    0.    0.    0.    0.    0.    0.    0.    0.    0.    0.    0.    0.    0.
     0.    0.    0.    0.    0.    0.    0.    0.    0.    0.    0.    0.    0.    0.
     7.   14.   16.   18.   15.   17.   19.   20.    0.    0.    0.    0.    0.    0.
     0.    0.    0.    0.    0.    0.    0.    0.    0.    0.    0.    0.    0.    0.
     0.    0.    0.    0.    0.    0.    0.    0.    0.    0.    0.    0.    0.    0.
     0.    0.    0.    0.    0.    0.    0.    0.    0.    0.    0.    0.    0.    0.
     0.    0.    0.    0.    0.    0.    0.    0.    0.    0.    0.    0.    0.    0.
     0.    0.    0.    0.    0.    0.    0.    0.    0.    0.    0.    0.    0.    0.
     0.    0.    0.    0.    0.    0.    0.    0.    0.    0.    0.    0.    0.    0.
```

画面6.41
tableの状態

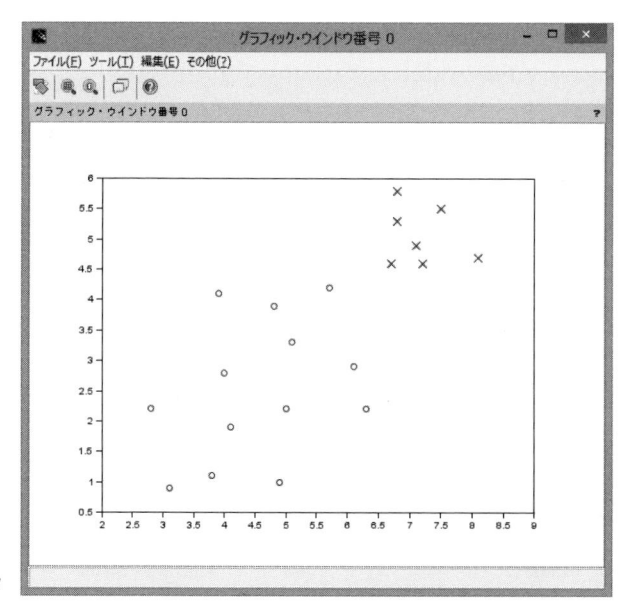

画面6.42
二つの組のグラフ

データは，メンバ13個の組と7個の組に分かれました．

13個の組を○，7個の組を×でプロットしたグラフを，**画面6.42**に示します．

6.8——ヒューリスティック・アルゴリズム

◆ 参考文献 ◆

(1) 大川 善邦：波形の特徴抽出のための数学的処理，CQ出版社，2005年2月．
(2) M.Vishwanath：The recursive pyramid algorithm for the discrete wavelet transform, IEEE Trans. on Signal Processing, Vol.42, No.3, pp.673-676, 1994.
(3) 大川 善邦：MATLABによる組み込みプログラミング入門，CQ出版社，2005年12月．
(4) 大川 善邦：数値計算法，コロナ社，1971年10月．
(5) 大川 善邦：Arduino計測データ処理，CQ出版社，2012年10月．
(6) 大川 善邦，Androidによるロボット制御，工学社，2011年10月．

あとがき

　レポートや卒論を書く人に向けて，波形解析の数学的手法を要点に絞って簡単に述べました．大量のデータが与えられたときに，そのデータの中に小さな異変がないか，それを探る方法です．
　解説でも述べたように，解析には試行錯誤が必要です．まず手を動かしてデータに差異が出てくるかどうか試してみてください．
　皆さんのレポートや卒論のお役にたてれば幸いです．

2013年4月　大川 善邦

■ 付属DVD-ROMに関して

　付属DVD-ROMには，オープンソースのScilabの各OS用の実行ファイルとソースファイル，そして筆者が本書の解説で使用したプロジェクト・ファイルが収録されています．Scilabは原稿執筆時の最新のものですが，利用する場合は，Scilabのサイト（http://www.scilab.org/）で最新の情報をご確認のうえご使用ください．必要に応じて最新版をダウンロードしてお使いください．最新のソースファイルも同サイトからダウンロードすることができます．

■ 付属DVD-ROMに収録したファイル
- 筆者が解説で使用したプロジェクト・ファイル
- Readme.txt
- Scilab 5.4.0

GNU/Linux	Windows XP, Vista, 7, 8
Linux - 32bits	Windows - 32bits
Linux - 64bits	Windows - 64bits
Mac OS X (plateformes Intel uniquement)	Sources
Mac OS X	Scilab 5.4.0 source version

Scilab is open source software distributed under CeCILL license.
Scilab is governed by the CeCILL license (GPL compatible) abiding by the rules of distribution of free software since Scilab 5 family.
See the information delivered on the Free Software Foundation on CeCILL (http://www.gnu.org/licenses/license-list.html) .
※各ライセンスに関しては，それぞれのドキュメントをご覧ください．

INDEX
索引

【数字・アルファベット】
2次形式 ——220
Daubechiesのウェーブレット
　——171
db2 ——188
dwt ——188
Excel ——42
Excelのコマンド ——46
FFT ——124
Haarのウェーブレット ——155
rand関数 ——132
Scilabダウンロード ——16
wavedec ——167
π ——23

【あ・ア行】
後処理 ——197
位相 ——120
移動平均の関数 ——66
移動平均のプロット ——59
ウェーブレット逆変換 ——170
ウェーブレット係数 ——158
ウェーブレット・ツール・ボックス
　——165
ウェーブレットの自作 ——174
ウェーブレットのレベル ——158
エッジ検出 ——163
重み付き移動平均 ——63

【か・カ行】
解析関数 ——88
角速度 ——108
関数 ——40
観測データ ——193
逆行列 ——32
共分散 ——214
共分散行列 ——214
共分散行列の行列式 ——215
行列 ——26
行列式 ——32
行列の演算 ——31
行列の直行条件 ——176
曲線の当てはめ ——68
極値 ——78

虚数単位 ——23
グラフ ——47
グラフのプロット ——49
係数行列 ——71
結果の解釈 ——118
高速フーリエ変換 ——126
勾配 ——87
誤差の出力 ——81
固有値 ——33

【さ・サ行】
最急降下法 ——75
最小2乗法 ——74, 99
作業ディレクトリ ——20
サンプリング時間 ——144
しきい値 ——206
自然対数 ——23
周波数 ——122
詳細 ——173
消費者危険 ——210
初期位置 ——78
振動数 ——200
振幅 ——108
数値シミュレーション ——150
スクリプト ——36
スケーリング・フィルタ ——180
正規直交行列 ——34, 153
正規分布 ——205
生産者危険 ——210
積和演算 ——106
線形変換 ——153
測定のノイズ ——50
存在定理 ——154

【た・タ行】
対称行列 ——214
単位行列 ——29, 104
単純移動平均 ——55
逐次近似法 ——78
データの入力 ——22
データの読み込み ——204
データ・ファイル ——233
テーブル ——236
テーブルのプリント ——237

転置行列 ——107, 164
特徴空間 ——197
特徴の抽出 ——194

【な・ナ行】
ニュートンラフソン法 ——87
ノルム ——123, 229
ノルムのピーク ——141
ノルムのプロット ——128

【は・ハ行】
パラメトリック法 ——199
ヒストグラム ——50
非パラメトリック法 ——224
ヒューリスティック ——227
評価関数 ——69
評価の問題 ——213
標準偏差 ——54, 202
ピラミッド・アルゴリズム
　——178
ファイルの読み込み ——30
フーリエ係数の計算 ——114
フーリエ係数のプロット ——140
復元 ——172
復元のフィルタ ——172
平均値 ——202
ベクトル ——24
変換行列 ——34, 178

【ま・マ行】
前処理 ——197
マンハッタン距離 ——230
未定係数の計算 ——72
無限大 ——23

【や・ヤ行】
ユークリッドの距離 ——230

【ら・ラ行】
ラグランジェの未定係数 ——69
ランダム・ノイズ ——51
ランダム変数 ——134
ランダム要因 ——228
レベル1のウェーブレット ——180
ローパス・フィルタ ——171

〈著者略歴〉

大川 善邦（おおかわ・よしくに）

1934年	東京に生まれる	1985年	大阪大学教授
1959年	東京大学工学部卒業	1998年	日本大学教授
1964年	東京大学大学院 博士課程修了 工学博士	2005年	フリーのライタ，インストラクタとしても
1970年	岐阜大学教授		活躍中

● **本書記載の社名，製品名について** ── 本書に記載されている社名および製品名は，一般に開発メーカーの登録商標または商標です．なお，本文中では™，®，©の各表示を明記していません．

● **本書掲載記事の利用についてのご注意** ── 本書掲載記事は著作権法により保護され，また産業財産権が確立されている場合があります．したがって，記事として掲載された技術情報をもとに製品化をするには，著作権者および産業財産権者の許可が必要です．また，掲載された技術情報を利用することにより発生した損害などに関して，CQ出版社および著作権者ならびに産業財産権者は責任を負いかねますのでご了承ください．

● **本書付属のDVD-ROMについてのご注意** ── 本書付属のDVD-ROMに収録したプログラムやデータなどを利用することにより発生した損害などに関して，CQ出版社および著作権者は責任を負いかねますのでご了承ください．

● **本書に関するご質問について** ── 文章，数式などの記述上の不明点についてのご質問は，必ず往復はがきか返信用封筒を同封した封書でお願いいたします．勝手ながら，電話でのお問い合わせには応じかねます．ご質問は著者に回送し直接回答していただきますので，多少時間がかかります．また，本書の記載範囲を越えるご質問には応じられませんので，ご了承ください．

● **本書の複製等について** ── 本書のコピー，スキャン，デジタル化等の無断複製は著作権法での例外を除き禁じられています．本書を代行業者等の第三者に依頼してスキャンやデジタル化することは，たとえ個人や家庭内の利用でも認められておりません．

Ⓡ〈日本複製権センター委託出版物〉
本書の全部または一部を無断で複写複製（コピー）することは，著作権法上での例外を除き，禁じられています．本書からの複製を希望される場合は，日本複製権センター（TEL：03-3401-2382）にご連絡ください．

信号のスペクトラム，ノイズ分析から特徴抽出まで
波形解析のための数値計算ソフトScilab入門　DVD-ROM付き

2013年5月1日　初版発行　　　　　　　　　　　　　　　© 大川善邦　2013
　　　　　　　　　　　　　　　　　　　　　　　　　　（無断転載を禁じます）

　　　　　　　　　　　　　　　　　　著　者　　大川　善邦
　　　　　　　　　　　　　　　　　　発行人　　寺前　裕司
　　　　　　　　　　　　　　　　　　発行所　　CQ出版株式会社
　　　　　　　　　　　　　　　　　　〒170-8461　東京都豊島区巣鴨1-14-2
　　　　　　　　　　　　　　　　　　　　電話　編集　03-5395-2124
ISBN978-4-7898-4950-0　　　　　　　　　　　販売　03-5395-2141
定価はカバーに表示してあります　　　　　　　振替　00100-7-10665
乱丁，落丁本はお取り替えします　　　　　　編集担当者　今　一義
　　　　　　　　　　　　　　　　　　DTP　西澤　賢一郎
　　　　　　　　　　　　　　　　　　印刷・製本　三晃印刷株式会社
　　　　　　　　　　　　　　　　　　カバー・表紙デザイン　千村　勝紀
　　　　　　　　　　　　　　　　　　　　　　　　　Printed in Japan